10種のぶどうでわかるワイン

石田 博

日本経済新聞出版社

まえがき

ワインを知る、ワインがわかるとはどういうことでしょうか？

日本は、シャンパーニュやブルゴーニュ、イタリア、カリフォルニアの稀少な高額ワインについては世界有数の消費国です。しかし、ワインを知ることと、楽しむことは、高額ワインや専門家が高く評価したワインを知っている、飲んだことがある、コレクションしているということには、もちろん限りません。

よいワインとは、どのようにして造られるのでしょうか？

◎よい土地――テロワール
ワイン用のブドウ栽培に適した気候、地勢、土壌に恵まれることです。

◎よいブドウ――ブドウ品種
その土地に合っていて、風味豊かなワインを生み出すブドウが必要です。

◎よい気候――ヴィンテージ

大陸性気候ひとつとっても、毎年状況は変わります。雨が多い年、乾燥した年、病害に見舞われた年とさまざまです。

◎人――造り手

以上、「土地」「ブドウ」「気候」の3つの要素をよく理解し、正しい仕事ができる人です。

ワインを理解するためには、この4つを知ることが大切です。

本書は、そのうちのひとつ、ブドウ品種にフォーカスし、ブドウ品種からワインの理解を深めていただこうという意図のもと構成されています。

私の独断で10品種を選び、紹介します。選ばれた品種をみると、「イタリアやスペインの偉大なワインを造る品種がないじゃないか」という意見もあると思います。重要度に加えて、世界中で広く栽培されている品種であり、ワインの風味や個性がバランスよく紹介できるかどうかを基準に選んだものです。言い換えれば、このブドウを知れば、ワインの大体を掴んでいただける10品種なのです。

各章は、ブドウ品種について、そのフレーヴァー、そのワインのサービス法（楽しむ方法）、その品種にまつわるエピソードに加えて、「その品種がわかる10本」の産地と造り手を紹介しています。こちらの選択基準は「そのブドウ品種によるベスト10」ではありません。その品種の個性がピュアに感じられ、かつ読者が興味をもたれたら、購入できる価格帯のものを中心にしています。（ ）内はその産地の国名で、何も注記がないものはフランスです。

各章末には、ソムリエとしての「ワインがわかる10のコラム」を載せました。ヴァラエティなアングルで、ワインのこと、ソムリエおよびレストランのことに、私の体験談とともに触れています。また、一歩進んだ理解をしたい方のために、やや専門的な用語、難しい用語を「Sommelier's Note」で解説しています。

ブドウ品種は、その土地、その年、その造り手の個性を映し出すツールのようなものです。ブドウ品種をよりよく知り、個性を掴むことはワインへの理解を深め、その喜び、楽しみを大きく広げることにつながります。

もくじ

Sommelier's Note

ワインがわかる10のコラム

1

純白

Chardonnay

シャルドネ

世界を魅了する純白の個性

ブルゴーニュのブドウ畑

◎シノニム[1]

ピノ・シャルドネ、モリヨン、オーセロワ、オーベイヌ、ムロン・ブラン、ボーノワ

◎原産地

フランス。十字軍によって持ち帰られたとされる。その後、ベネディクト派修道院により、ブルゴーニュ地方に広く栽培されていった。ピノ・ノワールとグーエ種の交配によって生まれたという実証もある。ピノ系ブドウで、ピノ・ブランやムスカデなどと同類とみなされ、多くの共通点をもつ。

◎主な栽培地域

フランス（ブルゴーニュ、シャンパーニュ）、カリフォルニア、オーストラリア、ニュージーランド、南アフリカ、チリ、アルゼンチン、他ほぼすべてのワイン生産国。

◎特徴

房、粒ともに小さく、フルーティかつハーブの香りがある。ピノ・ブランとよく似ていて、貴腐《きふ》菌（灰色カビ菌）が付きやすい。ワインは酸味が強く、マロラクティック発酵、木樽熟成の効果が高い。

世界最高峰のブドウ、シャルドネ

間違いなく世界最高峰の、偉大な白ワインを生み出すのが、このブドウ品種です。同時に世界中に広まっており、いやあまりに広がりすぎ、「シャルドネはもう飽きた」「ABC-Anything but Chardonnay（シャルドネ以外ならなんでも）」と言われたこともありますが、秀逸なシャルドネによるワインは他の追随を許すことはありません。

ワインをブドウ品種でカテゴライズするようになった筆頭がこのシャルドネといってよいでしょう。その引き金となったのは、アメリカ・カリフォルニア産とフランス・シャブリ産のものでした。

カリフォルニアには一昔前、フランスの有名産地の名前がつけられたワインが存在していました。その筆頭がシャブリです。しばらくの間は容認されていたようでしたが、さすがに本家のイメージに影響を与えるとのことから、間もなく廃止されました。

そこで、「シャブリ」に使われていたブドウ品種をワイン名とすることになり、「シャルドネ」と呼ばれるワインが誕生しました。英語圏の人たちでも発音しやすく、覚えやすい、このフランス語のブドウはまたたく間に世界の生産国に広まり、「白ワイン＝シャブリ」のイメージを、

「白ワイン＝シャルドネ」にひっくり返してしまいました。そしてそれは同時に、ヴァラエタルワイン（ブドウ品種名表示ワイン）の目覚ましい台頭を引き起こしたのです。

シャルドネの一番の特徴は、ニュートラルだということ。つまりブドウ自身の香りの特徴が少ないことです。よい言い方をすれば、「純白の個性」なわけで、醸造、熟成段階において身につける個性がうまくなじむ、つまり造りやすい、造り甲斐があるブドウなんですね。

そのうえ、気象条件、環境への順応性が高いので、どんなところでもうまく成熟します。どこでも優れた白ワインを造ることができるといっても過言ではないでしょう。欧州系ブドウが難しいといわれた日本でも、今では素晴らしいシャルドネが造られているのです。世界中に広まる所以です。

生アーモンド、杏仁豆腐からミネラルまで――シャルドネのフレーヴァー

シャルドネの本来の個性を強いて言うと、生アーモンドの香りです。アーモンドはご存じだと思いますが、生アーモンドというのは現在日本には入ってこないのであまりなじみがないでしょう。日本で手に入るアーモンドはたいてい炒ってありますが、そのアーモンドの中心部分の香りがそれに近いでしょうか。

その他、シャルドネでよく感じられる香りとしては、白い花、杏仁豆腐《あんにんどうふ》、バター、ヴァニラ、トーストなどがありますが、どれも醸造、熟成によって身につけた香りであり、シャルドネが本来持っているものではありません。白い花はアルコール発酵による香り、杏仁豆腐やバターの香りはマロラクティック発酵による香りです。ヴァニラやトーストは木樽熟成に由来する香りなのです。

こうしてでき上がったワインは、深みがあり、芳醇で、際立った香りを放ちますから、飲み手に強いインパクトを与えます。そして熟成により、さらに複雑なフレーヴァーへと変化していくのです。

産地や作柄（ヴィンテージ）によって特徴は違いますので、一概には言えませんが、焦がしバターやドライシェリー、きのこやスパイス、さらにモカクリームのような香りへと発展するものもあります。シャルドネはワインテイスティングの醍醐味を味わわせてくれる白ワインとなるのです。

また、シャルドネの香りの表現に頻繁に出てくるのは、「ミネラル」です。

このミネラルの香りは、不可解だと首をかしげられる方も多いでしょう。実はプロでもこの「ミネラル」の香りをきちんと理解したうえで使っている人は多くないように思います。なぜ、果物（ブドウ）からできた飲み物にミネラルの香りが感じられるのかはきちんと解明されていないのですから、それも無理はありません。

ワインの香りは、主にフルーツ、花、ハーブなど草木、スパイスで構成されています。「それらのどれにもあてはまらない香りがミネラル」と解釈している人もいます。それも決して間違いではないでしょう。

ミネラルは日本語では「鉱物」「無機物」です。ワインに感じられるミネラルを具体的にいうと、（河原や山の）石や岩、石灰《せっかい》、貝殻、カビ、土、磯《いそ》の香りなどです。私は、ブドウの個性というより、その土地の個性と理解しています。たとえば、フランス・ブルゴーニュ地方のシャブリでは貝殻、同じくモンラッシェ（特級ワイン）では石灰や石、というように。どちらも土壌にそれぞれの要素が成分として含まれています。

ただし、ブドウ畑が石灰質土壌なので、石灰がブドウに取り込まれてワインにその香りを与えるのかというと、その関連性は極めて低いとされています。しかしながら、「石灰の香りが強いな」と感じるワインは、石灰質土壌から生まれているケースがとても多いのです。やっぱり難解ですね。

いずれにせよ、シャルドネのワインには、ミネラルの香りがよく感じられ、風味や味わいに深みを与えていることは間違いありません。ミネラル感の強いワインはよい熟成をし、また優れた造り手、恵まれたヴィンテージによるものが多い、ということだけはたしかなのです。

シャルドネによるワイン――2つの究極の銘酒

シャルドネを使って造られたワインは、大きく2つに分けられます。ニュートラルな個性を尊重したピュアかつ、シンプルな香り、爽やかなミネラル感があるタイプと、木樽熟成による香ばしさ、ヴォリューム感のあるタイプです。前者の代表がフランス・ブルゴーニュ地方のシャブリ、後者が同じくモンラッシェです。

シャブリは「究極のシャルドネ」といえます。木樽や熟成による付加的な香りには頼らず、まさに純白でありながら、飽きのこない味わいでワイン愛好家を魅了しています。「シャルドネは、シャブリに始まりシャブリに終わる」とは、本当によく言ったもので、シャルドネ好き、白ワイン好きを自称するなら、シャブリへの理解を深めていないといけないのです。

またフランスでもうひとつのシャルドネによる銘酒といえば、シャンパーニュ産です。ピノ・ノワール、ピノ・ムニエといった黒ブドウとブレンドされるのですが、透明感のある個性、特に力強い酸味により、シャンパーニュに骨格と余韻の長さを与えます。ブラン・ドゥ・ブランと呼ばれるタイプは、シャルドネ100%のシャンパーニュで、これもまた「究極のシャルドネ」といってよいものです。

フランス以外では、イタリアのピエモンテ、シチリアをはじめ、各地で優れたシャルドネがつくられています。カリフォルニアでは1976年のパリテイスティングで、ブルゴーニュ産の錚々《そうそう》たる偉大な白ワインを抑えて、トップに立ったシャトー・モンテリーナのシャルドネを筆頭に、ナパ、ソノマをはじめ、全土で本家を脅かすシャルドネが産出されています。オレゴン、ワシントンのシャルドネも見逃せません。

オーストラリア、ニュージーランドのシャルドネも秀逸です。チリのカサブランカ・ヴァレー、南アフリカのウォーカー・ベイからはコストパフォーマンスの高いワインが生まれています。これほどまでに世界中で、極めて品質の高い白ワインを生み出しているブドウは、シャルドネの他にはありません。

シャルドネがわかる10本

- シャブリ――ラロッシュ
- ピュリニィ・モンラッシェ――ルフレーヴ
- シャンパーニュ・ブラン・ドゥ・ブラン――アンリオ
- シチリア（イタリア）――プラネタ
- ソノマ（アメリカ）――カトラー
- アデレード・ヒルズ（オーストラリア）――ペタルマ

●マーガレット・リヴァー（オーストラリア）――カレン
●ウォーカー・ベイ（南アフリカ）――ブシャール・フィンレイソン
●カサブランカ・ヴァレー（チリ）――モンテス・アルファ
●長野シャルドネ（日本）――メルシャン

シャルドネのサービス――「よいシャルドネは冷やさない方がよい」は本当か？

シャルドネをサービスする際には、どんなタイプのワインなのかをよく知っておく必要があります。シャルドネといっても、産地や醸造・熟成によりタイプが大きく異なるからです。よく冷やしたほうがよいものもあれば、冷やしすぎには十分注意しなければいけないものもあります。

個人的にはシャブリが好きで、シャブリこそシャルドネの規範だと思っているところがあるので、キンと冷やして、風味を引き立たせたい。ですから、ある程度冷やすのをサービス・スタンダードとしています。8～10℃くらいでしょうか。

ずいぶん前になるのですが、あるワインイベントで、先輩が「シャルドネだから冷やさないで大丈夫」と、氷水に一切入れず、常温のままにして（すこしは冷えていたと思いますが）、サービスしていたのを見て、とても驚きました。季節は夏です。私だったら、たっぷりの氷水に肩までつけて、よく冷やしていたことでしょう。

こんなこともありました。ある著名なフランス料理店でのこと。ホスト役だった私は、お買い得のピュリニィ・モンラッシェを見つけて、オーダーしました。ヴィンテージは忘れてしまいましたが、熟成が進んでいるであろう年でした。そこのソムリエはボトルだけを持ってきて、開栓し、サービスすると、テーブルに置いていきました。明らかに冷えが足りない。「もっと温度が低いほうがよいのですが」と頼むと、少し驚いた表情をして、「かしこまりました」と。しかし、氷水につけたのでなく、保冷式のボトルホルダーに入れてくれただけでした。よほど冷やしたくなかったのでしょう。

私は、先輩やくだんのソムリエが間違っているとはいいません。それだけ、よいシャルドネは冷やさないほうがよい、という考え方が広まっているということです。

それは私も反対はしません。ですが、私は8～10℃からスタートして、だんだん温度を上げていくというサービスがよいと考えています。もちろん例外はあります。やはりモンラッシェをサービスするのであれば、14℃からスタートして、最終的にはほぼ室温（23℃くらい）にまで引き上げます。

純白だからこそ、ワインも、産地も、タイプも、そしてサービスも多様なんですね。

Sommelier's Note 1

マロラクティック発酵

Malolactic fermentation

ここで、マロラクティック発酵について説明したいと思います。シャルドネはマロラクティック発酵の影響がもっとも顕著であり、その効果が高いブドウですから、きちんと理解しておきたいですね。

シャルドネは酸味が強いのが大きな特徴です。アルコール発酵が終わった時点でワイン中に多く含まれる酸は、リンゴ酸と呼ばれるものです。その名の通り、青リンゴを食べたときのような、口がすぼまってしまうほどのシャープな酸味です。

このリンゴ酸を、乳酸菌の働きによって、乳酸に変化させるプロセスがマロラクティック発酵です。その際、3分の1は炭酸ガスに分解されます。乳酸はリンゴ酸に対して、なめらかで、まろやかな、刺激性の少ない酸味です。青リンゴとヨーグルトの違いのようなものです。つまり、このプロセスにおいて、酸味はよりマイルドな印象となります。同時に、3分の1が炭酸ガスとなって発散されてしまうということは、酸味の量が3分の1減るということです。なので、マロラクティック発酵は「減酸処理」でもあります。このプロセスは、香りにも影響を与えます。バターのような、より深みのある風味が増すのです。

リンゴ酸というのは熟成過程で変質しやすく、ワインの風味に悪影響を及ぼします。それが乳酸に変わりますから、ワインとして安定した状態になるのです。

デカンタージュにみる、ソムリエの心得

ポテンシャル（熟成能力）の高いワインは、白・赤・シャンパーニュにかかわらず、若いうちは香りが閉じこもっていることが多いものです。そこで前衛的なサービスとして、赤ワインだけでなくシャンパーニュや白ワインも、デカンタージュするソムリエも増えてきました。

たしかに「偉大な」白ワインをデカンタージュすると閉じた印象が和らぎ、豊かなで、複雑な香りが広がってきます。ソムリエとして思わず、「やった！　俺はいい仕事ができた!!」と優越感に浸ってしまいます。私もその例にもれず、覚えたての受け売りで、当時の職場、赤坂のトゥールダルジャンで得意になって、高価なシャンパーニュや白ワインをデカンタージュしていました。「今はこれが当たり前なんだぜ」と言わんばかりに。

ある日、10年以上熟成したコルトン・シャルルマーニュ（ブルゴーニュの特級ワイン）をご注文いただいたときのことです。開栓後、テイスティングしてみると明らかに香りが閉じていました。私は躊躇《ちゅうちょ》なくデカンタージュをしました。

「お喜びいただけるだろうな」とサービスをすると、「香りが全然しない。デカンタージュなんかするからじゃないのか!?」と言われてしまいました。

そのお客様は私がデカンタージュをしているのを怪訝《けげん》に思っていたのです。返品や交換こそ求められませんでしたが、とてもショックでした。しかし、時間が経ってくると、明らかに香りが強くなっているのがわかります。グラスに注ぐだけで、豊かな香りが立ち上ってくるのを感じたからです。お客様が小声で、「美味しいね」と言っているのも聞こえてきました。

そう、デカンタージュをするという選択は間違っていなかったのです。気分を害したはずのお客様は、そのコルトン・シャルルマーニュを飲み終え、赤ワインもご注文してくださいました。

ここで、「終わりよければ、すべてよし」とまとめられればよいのですが、実はそうではありません。私は大きなミスを2つ犯していたのです。

デカンタージュをすると、たしかに香りは豊かに広がります。しかし、直後からではなく、時間が経ってからようやく、その香りは広がってくるのです。デカンタージュ直後は香りはむしろ少なくなるということを、私は計算していませんでした。それ以前にそんなことを知らなかったのです。そんな知識と経験

デカンタージュ（2000年世界最優秀ソムリエコンクールにて）

が不足している状態で、お客様の、それも高価なワインをいい気になっていじくり回していたのかと、今思い出しても恥ずかしい限りです。

もうひとつのミスは、お客様と相談をしなかったことです。

「デカンタージュをすれば、ワインはよくなる」と考えているのは私であり、お客様は違うかもしれません。人によってはデカンタージュを否定的に捉えていることもあります。その後、「上品さ、緻密さが薄れる」「香りは豊かになるが、味わいはフラットになる」と、見識ある方々に聞いて反省しました。そのお客様は贅沢なディナーを楽しまれたはずですが、「気の利かない、自己満足な」ソムリエのサービスだけが心にひっかかったまま、お帰りになられたかもしれません。

料理人は、食材を使い、その技術と経験により美味しい料理を作りあげます。対して、ソムリエはワインを造っているわけではありません。ワインの味わいを変えることもできません。ソムリエの使命は、お客様からご注文をいただいたワインを最上の状態でサービスし、お客様にご満足いただくことです。つまり、「自分が選んだんだ」「自分が美味しくしたんだ」と勘違いしてはいけないのです。

反面、多くのお客様はソムリエに期待して来店され、信頼してご注文していただいているのですから、「私が造ったわけじゃありませんから」ではがっかりされてしまいます。ワインの啓蒙者的役割を担う必要も、時にはあります。このあたりのバランスがとても難しいのです。

コラム——1

ソムリエの始まり

18世紀ごろのこと。王侯貴族の遠征時、特に大切な貨物車の責任者を「エシャンソン」とか「エシャンソヌリ」と呼んでいました。当時ワインはスパイスとともに、外交、貿易において大変尊重されていたわけですから、その大切な貨物車にはワインも当然大事に収納されていたはずです。

食事の際、主《あるじ》は自ら貨物車に入っていき、「今日はこのワインにしよう」と選んでいたはずです。その場にいるエシャンソヌリがワインを準備することになるのは想像に難くありません。

主は、時にはエシャンソヌリを呼んで、こう言いつけます。

「おい、○△王からいただいたワインを持って来い」

「この間のイタリア遠征で持ち帰ったワインはまだあるか」

こんな具合だったのでしょう。

当時はワインは樽で運んでいましたから、カラフェにワインを移して食卓へ持っていったのもエシャンソヌリだったはずです。

エシャンソヌリから提案することもあったかもしれません。

「こちらの樽はずいぶん時間が経っています。今晩は、このワインをお召し上がりになった方がよろしいのでは」

ワインが交流のため、献上されることも頻繁な時代でした。

「今日は○○侯を招く会ですから、○○侯の国のワインをご用意しましょうか」

そんなやり取りもあったのでしょう。

こうして、今日のソムリエの基礎ができあがったと考えることができます。ここで大切なのは、エシャンソヌリの役割は、貯蔵してあるワインを適切な状態で保管することだということです。大切なワインにもしものことがあったら一大事。命懸けで番をしていたことでしょう。主の突然の注文に即座に対応できるよう、倉庫内の整理整頓も欠かせません。ワインを入手した時期、生産地別などに保管してあったはずです。

そしてもうひとつ重要なのは、ワインを買い（調達し）、何を飲むかを決めるのは、エシャンソヌリではなく主だということです。ワインは主や奥方が所有する剣や宝石と同じ扱いなのですから。

エシャンソヌリが「あのワインを買ってほしい」と頼むことなんて、あり得ません。食卓で、振る舞われているワインを語るのも主の役目でした。彼らにとってワインは、主のもので、自分の個人的な思い入れを持ち込むなど夢にも思わなかったことでしょう。そう、あくまでも彼らの使命は、荷物番、食卓の黒子だったのです。

でも、中には活発な考えをもったエシャンソヌリもいたことでしょう。

「あぁ、いいワインだなぁ。どんな土地で、どんな人が造っているのだろう?」

「これはもう少し置いておいたほうがいいの

にな」

「このワインは必ずよくなるから、もっと買っておいたらいいのに」

こうして、エシャンソヌリはソムリエへと進化していきます。

フランス革命により、食事を提供する場は、宮廷からレストランへと変わりました。これはソムリエの発展の歴史上、大ニュースでした。

引き続き、ワインの購入はレストランの主（オーナー）の仕事でした。フランスではワインの在庫も立派な資産として認められますから、オーナーが取りしきるのが当然です。ソムリエはレストランの財産であるワインを管理し、適切な状態で販売、サービスするというのが主たる仕事なのです。

時が流れ、ワインはボトルで流通するようになり、銘柄が多様化、セレクトも複雑になるにつれ、専門的な知識が求められるようになります。その結果、徐々にワインの購入にソムリエが関わるようになったのです。

現在ソムリエは、生産地を訪問し、造り手たちと交流をもちます。また日本にいながらも、多くの有力な造り手が来日し、試飲会や食事会に招かれます。ワインリストを作るのは完全にソムリエの仕事になっています。素晴らしいワイン、時には稀少なワインを取りそろえたリスト作りにソムリエは勤《いそ》しみます。

どんな仕事でも、どんな人でもルーツは大切です。ルーツを見失うと、正しいと思ったはずのものが、誤った方向に進んでしまうからです。

ソムリエのルーツは荷物番。ワインを大切に保管し、適切な在庫運営をしていくことが一番の仕事なのです。

1 シノニム…直訳で「同義語」。同じブドウでありながら、地方、国と産地により呼び名が違う。

2

繊細

リースリング

Riesling

繊細でありながら高いポテンシャルを持つブドウ

アルザスの街並み

◎シノニム
ラインリースリング、ヨハニスベルグ

◎原産地
ライン河上流域とされる。もっとも古い記述は15世紀のもので、セーゼル、アルザスで発見されている。

◎主な栽培地域
中央ヨーロッパを中心に、ドイツ、アルザス、オーストリア、北部イタリア、北部アメリカ（ワシントン、オレゴン）、カナダ、オーストラリア、ニュージーランド、南アフリカ。

◎特徴
小粒で、果皮は黄緑色（日照が豊富なエリアでは黄茶色）。ジューシーで、芳香豊か、成熟すると甘みが強い。

晩熟型で、病害に強い。さまざまなタイプの土壌にも向く。ワインは爽やかで、上品、フルーティで、豊かな酸味が特徴。辛口から甘口まで幅広いタイプのワインを造ることが可能。

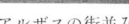

名声を復活させ、いまや品質のバロメーターにもなったブドウ

「繊細さ」という表現が、リースリングによる白ワインを表すのにもっともふさわしいでしょう。そして繊細でありながら長期熟成が可能という高いポテンシャルをもつ点においては、他に比類なきブドウ品種といえます。

キメ細かな酸味がもたらす上品さと貴腐《きふ》や氷果《ひょうか》（アイスワイン）[1]による芳醇な甘みを備えたドイツのリースリングは、19世紀から20世紀初頭には、フランスの偉大な赤ワインと同様の評価を受けていたといいます。

その名声に甘えてしまったのか、リースリングはしだいに大量生産されるようになります。リースリングというブドウは収量を高くしてしまうと、品質が著しく下がります。つまり風味の乏しいブドウになってしまうのです。それを補うように、甘みのある（糖分を残した）ワイン造りが進みました。いわゆる「ブドウジュース」のようなワインが量産されたのです。結果、ドイツワイン＝軽い白ワインとなり、リースリングのイメージを悪くしてしまいました。

１９８０年代後半から、リースリングによるワイン造りは品質重視へと大きく方向転換します。収量を抑え、より質の高いブドウを収穫する努力が、アルザス、ドイツ、オーストリアで

なされていったのです。カリフォルニア、オーストラリアの目覚ましい台頭で「温暖なエリア」から生まれる甘みのあるヴォリュームたっぷりのワインが一世を風靡《ふうび》すると、ついで「クールクライメイト・ワイン」、すなわち冷涼気候産地で生まれる、酸味を基調としたワインが注目されました。そのクールクライメイト・ワインがピノ・ノワールとリースリングなのです。

酸味のきれいなリースリングが生まれるところはクールクライメイト（冷涼気候）で、つまりよいブドウを生み出すポテンシャルがあります。よいリースリングが生まれる産地は高い評価を受けるといってもよいでしょう。こうして、リースリングは汚名を返上するどころか、品質のバロメーター的存在となったのです。

伸びやかな酸味と「ペトロール」が肝——リースリングのフレーヴァー

きちんと成熟したリースリングから生まれるワインは、ピュアで、透明感があり、口中で味わいが心地よくストレートに伸びていきます。その背骨となりボディを作りあげているのが、リースリングならではの素晴らしい酸味です。この酸味がリースリングの真骨頂なのです。

その豊かな酸味のおかげで、熟成は極めてゆっくりと進みます。つまり長期熟成が可能なのです。他の品種でも、品質の高い白ワインは10年ほどの熟成が可能ですが、多かれ少なかれ酸化熟成の香りが出てくるものです。しかしリースリングは、10年くらいでは酸化は始まりません。むしろ、フレッシュさを感じるほどです。

また、リースリングには、他にはない特有の香りがあります。「重油香《じゅうゆこう》（ペトロール）」と呼ばれるものです。これは石鹸、プラスチックに似たような香りで、「キューピー人形」と表現する人もいます。飲み物にふさわしくない表現なので、カモミールやリンデン（菩提樹《ぼだいじゅ》の葉）ティーを淹《い》れたときのような香りとも表現されます。近年、この香りの正体はTDNと呼ばれるもので、ブドウが熱を受けたときに生まれることがわかり、「2〜3年ほどの若いヴィンテージでペトロール香が現れるのは好ましくない」と認識されるようになりました。ぶどうの適切な処置、醸造によりこれは抑えられ、むしろ菩提樹、カモミールといったフローラルな香りが際立ちます。このように、近年では化学により、認識がくつがえされることがまま起きていますから、ワインの勉強に終わりはありませんね。

これは「ミネラル」の一種です。ミネラルというのは還元による香りです。リースリングは酸味が強く、伝統的に酸素にあまり触れさせないように醸造、熟成され、還元状態になりやすいため、こうした特有の香りを身につけたのです。現在では醸造技術が進み、還元状態を和らげる工夫も施されているので、以前ほど重油っぽい香りは強くなくなってきていますが、いずれにせよ、リースリングの特徴を表す香りであることには変わりはありません。

Sommelier's Note 2

酸化と還元

Oxidation and reduction

ワインはご存じのように、「熟成する」という点が他の飲み物にはない特徴であり、大きな魅力です。

熟成とは、「酸化と還元が進むことにより、ワインの風味や味わいがよい状態で変化すること」。熟成は、「酸化」と「還元」という2つの相反する反応により、進んでいくということになります。

では、まず酸化とはなんでしょう? これは皆さんにもなじみがあると思います。酸化は、酸素に触れることで起きる反応です。ワインは酸化すると茶褐色化していきます。香りは白ワインでいうと、シェリーのような香り、赤ワインでいうと、動物のような香りが出てきます。これらは過剰でなければ、むしろ深みを与える香りとなるのですが、急激に出てきた場合には、劣化したワインとなってしまいます。

一方の還元は、聞きなれない言葉だと思います。プロの方にもよく質問されます。簡単に言ってしまえば、酸化の逆です。

酸素に触れることにより起こる反応が酸化であるのに対して、酸素のない(極めて少ない)状態で起こる反応が還元です。酸化により風味は広がりを持ち、還元により風味が凝縮するという言い方ができます。

還元による典型的な香りは、「ミネラル」

です。鉄分、血液、土、燻《いぶ》したような香りもそうです。

たとえば赤ワインで、これらの香りがほどよい酸化によって生まれた動物的な香りと組み合わさると、熟成の香り、「黒トリュフ」となるのです。

還元状態は、酸化を抑える要素が多いと起こる状態です。つまり、

❶酸素から遮断されている（ボトルやタンクの中央部から奥底は遮断されているといえます）
❷炭酸ガスを含む（スパークリングワイン）
❸酸化防止剤を添加する
❹酸味が豊富
❺アルコール発酵直後（発酵中は酸素が欠乏しやすい）

といった条件で起こります。

これらの条件が過剰な場合には、香りは極端に閉じこもり、場合によっては、ガーリックやガス、古い蛍光灯が焼けて焦げ臭くなったような、不快な風味となってしまいます。

熟成は、ほどよく酸素に触れ、ほどよく還元した状態によって進むのです。人間にたとえるなら、酸化が「年をとる。加齢」とすると、還元は「内面的な成長」です。

世界のリースリング——涼しいブドウ産地のシンボル

前述の通り、リースリングは冷涼気候のワイン産地のシンボルです。つまり涼しい産地で多く栽培され、秀逸な白ワインが生まれています。

その筆頭はドイツ、モーゼル産とラインガウ産です。モーゼルは清涼感、透明感を身上とした伸びやかなボディが特徴の、大変飲み心地がよいワインです。ラインガウはより濃縮感があり、厚みを持ったバランスが特徴となります。この二大産地をはじめ、リースリングはドイツ全土で栽培されていますが、いずれも繊細さが特徴のスムーズな味わいを持ちます。

ドイツと双璧を成すのがアルザスです。特にグラン・クリュ（特級格付け畑）から生まれるアルザス・リースリングは、芳香があふれ、深みのあるミネラル感たっぷりの余韻《よいん》の長いワインとなり、ブルゴーニュのグラン・クリュに勝るとも劣らない複雑さと長期熟成のポテンシャルを誇ります。

ドイツのお隣、オーストリアのヴァッハウでも量は少ないながら、素晴らしいリースリングが生まれています。アルザスとドイツの中間的なヴォリューム感を持つ味わいです。

ヨーロッパ以外で、優れたリースリングの存在を世界に知らしめたのがオーストラリアです。

冷涼気候に恵まれた南オーストラリア州のクレア・ヴァレー、エデン・ヴァレーは本家に匹敵する品質を持ちます。西オーストラリア州のグレート・サザンは酸味の際立った個性です。

カナダのオンタリオ州ではすこし甘みを残したオフドライと呼ばれるリースリングが魅力的で、アイスワインも造られています。

アメリカではワシントン州とオレゴン州から、ミネラル感の豊かなリースリングが生まれます。

リースリングがわかる10本

- ●アルザス――トリンバック
- ●アルザス――ヴァインバック
- ●モーゼル（ドイツ）――Dr.ルーゼン
- ●ラインガウ（ドイツ）――ロバート・ヴァイル
- ●ラインガウ（ドイツ）――ゲオルク・ブロイヤー
- ●ヴァッハウ（オーストリア）――F・X・ピヒラー
- ●ヴァッハウ（オーストリア）――ロイマー
- ●クレア・ヴァレー（オーストラリア）――グロセット
- ●グレート・サザン（オーストラリア）――プランタジェネット
- ●ワシントン（アメリカ）――シャトー・サン・ミッシェル

リースリングのサービス――飲む時は「氷と水をたっぷり」

シャルドネがあまり冷やさないでもよいワインとすれば、リースリングはよく冷やすのが基本です。以前はアルザスのボトルには「Servir frais（よく冷やしてサービス）」と記したラベルが貼られていたこともあります。

8〜10℃まで冷やしてサービスします。もちろん、フレッシュ感を楽しむタイプからボディの強いタイプまであるわけですから、ものによっては徐々に温度を上げてサービスすることもあります。とはいえ、シャルドネほど高くすることはありません。

リースリングは、背の高い「フルート」と呼ばれるボトルに詰められています。冷やすときには氷水を張ったクーラーに入れるのですが、その背の高いボトルの首までしっかり浸かるように水を張ることが大切です。

高さが不足していると首のあたりは冷えません。最初の一杯の冷えが足りないと、せっかくのリースリングが台無しです。「氷と水をたっぷり」がリースリングのサービスのポイントとなります。ただそのままだと冷えすぎてしまいますので、途中で氷を減らしたクーラーに取り換えます。さらに氷だけを底に敷き詰めたクーラーに取り換えて、保冷だけにする場合もあります。

温度を上げたい場合にはクーラーから出して、テーブルに置いておけばよいのですが、個人的にフルート型ボトルがテーブルに置いてある姿はあまり好きではないので、いつもクーラーに入れています。

還元的なものはデカンタージュの必要もあるかもしれませんが、私はリースリングをデカンタージュすることはありません。繊細さ、透明感、何よりストレートに伸びるきれいな酸味を味わってほしいからです。デカンタージュするとボディが広がってしまいます。リースリングは引き締まってこそ、リースリング、と思っているのです。

リースリングがつないでくれたご縁

ジャンシス・ロビンソンさんをご存じでしょうか。「さん」付けで呼んでは恐れ多いくらいの、世界的に著名なワインジャーナリストです。

本国イギリスではTV番組を持つほどで、彼女の著書は世界中で出版されており、その影響力ははかりしれません。私も世界最優秀ソムリエコンクール（1998年、2000年）の準備勉強では、著書“Companion to Wine”をボロボロになるまで読み返したものです。

そんな大物が初来日を果たし、セミナーが開催された時のことです。

受講者として会場に着くと運営の方が、

「今、ちょうど彼女が控室にいますので、ご紹介しましょう。日本のプロの方に会いたいそうなので」

と、声をかけてくださいました。思いも寄らない提案に身が引き締まります。こわばりながらも、部屋に入ると彼女はフレンドリーな振る舞いで私を迎え、

「あなたはどんなワインに注目しているの？」

と尋ねました。

〈さすがジャーナリスト。質問が名刺替わりなのか。あのボロボロになった本を持ってくればよかったな〉などと戸惑いつつ、

「きれいな酸味を持ったリースリング。クールクライメイトの産地に注目しています」

と答えると、

「その通りよね」

と賛同してくれましたが、その時は社交辞令だろうと思っていました。

ところが、セミナーの冒頭で彼女は「今日は私が注目しているワインを、ご紹介します。リースリングが素晴らしいポテンシャルを持っていることは、ソムリエのMr. Hiroshi Ishida

も賛同してくれていますす」とおっしゃったのです。スピーチ慣れした彼女ならではの「ツカミ」なのかもしれませんが、とても感激しました。

そしてその後、彼女とかけ合いでセミナーをやるという光栄に恵まれました。

それ以来、お会いもしていませんし、交流も途絶えていますが、私のなかでは忘れ難い思い出となっています。

もちろん、それ以来、リースリングはさらに好きなワインになっています。またリースリングがつないでくれた、素晴らしい一期一会にも感謝しています。

「いいワインとは何か」という問い

ごく素朴な問いについて、お話ししたいと思います。

以前、あるワイン講座で、参加者の皆さんに「いいワインとは何ですか?」と質問したことがあります。

・高価なワイン
・希少なワイン
・熟成したワイン
・偉大な産地(ブドウ畑)と評されるところから生まれたワイン

といった答えが返ってきました。

どれも間違いではなく、「高級なワイン＝いいワイン」という結論でまとめることができます。やはり、高級ワインがいいワインなのでしょうか。

しかし、すべてのワイン生産者が高級ワインを造っているわけではありません。

むしろ、高級ワインを造っているのは一部の生産者に限られます。またブルゴーニュをはじめ多くの高級ワイン産地の造り手は高額ワインだけを造っているわけではなく、廉価なワインが生産量の多くを占めるという場合がほとんどです。

つまり、「高級ワイン＝いいワイン」としてしまうと、世の中にいいワインはごく一部で造られているだけ、ということになってしまいます。

料理にたとえて、考えてみましょう。

超高級フレンチレストランの料理はいい料理で、カジュアルなビストロの料理はいい料理でない、なんてことはありませんよね。白トリュフをたっぷり振りかけた手打ちのタリオリーニも、トマトソースであえただけのスパゲッティも、人には同じ感動を与えます。

ワインも同じようにいえると思うのです。

では、具体的に「いいワイン」とはどんなワインなのでしょうか？

まず、ワインが持つ魅力について挙げてみたいと思います。

・産地の個性が強く出る
・熟成する
・料理と合う
・さまざまな個性を持つ
・ストーリー（文化、歴史）がある

まだまだたくさんありそうですが、他のアルコール飲料と比べても秀でている点はこんなところだと思います。

◎産地の個性が強く出る

ワインは産地の気候風土、土壌、さらに文化、歴史、習慣、料理の影響を色濃く映し出します。「その土地にしかない味」をつくるのです。これをフランス語で「テロワール」といい、生産者は大切にしています。

ボルドーだから高級だ、ということではなく、「ボルドーはこんな個性を持つ」の方が大切なのです。

◎熟成する

ワインは若い状態から、閉じた状態（香りや風味などが閉じこもる時期があります）、その魅力を開花させている状態、熟成のピーク、そして酸化による個性が強く表れている状態と、同じものでも、味わう時期により、明確にその個性に違いが出ます。これが熟成です。

◎料理と合う

先ほどと重複しますが、どの土地にも郷土料理があります。ワインと同じ空気を吸い、同じ環境から生まれたものです。ですから、ワインとその地方の料理というのは、大変美味しく調和するのです。「なんとなく美味しい」ではありません。素晴らしい相性の料理とワインを味わうと、その土地の風景が浮かんでくる、とすら言えるものなのです。

◎さまざまな個性を持つ

ワインはもっとも広く世界中で造られているお酒のひとつです。加えて、さまざまなブドウ品種、さまざまなタイプ（スパークリング、白、赤、ロゼ、甘口、辛口……）、毎年異なるヴィンテージがあり、造り手と組み合わせたら数えきれないほどのワインがあるのです。

ですから、その個性をブドウ品種だけでくくってしまえないほど、ワインは多様性に富んでいます。

「土地の個性があり、熟成による発展がある。料理と調和し、多様な個性を持つ。さらに、ストーリーがある。つまり歴史、文化、慣習、逸話などがボトルに詰まっている」

それが、いいワインだと思っています。

1 **氷果**…成熟したブドウを自然にもしくは人工的に凍らせて、糖分およびエキス分を濃縮させる方法。ドイツ、カナダなどでは、「アイスワイン」と呼ばれる甘口ワインが造られている。また日本では水分を除去する目的でもこの方法が用いられている。

3 芳香

Sauvignon Blanc

ソーヴィニヨン・ブラン

アロマティックなブドウの代名詞

ボルドーのブドウ畑とシャトー

◎シノニム
ブラン・フュメ、ミュスカ・シルヴァーナ

◎原産地
不明。フランスでは18世紀より栽培されている。

◎主な栽培地域
フランス（ボルドー、ロワール、南西フランス、ラングドック）、イタリア（フリウリ、ヴェネト）、オーストリア、スペイン、カリフォルニア、チリ、アルゼンチン、南アフリカ、オーストラリア、ニュージーランド

◎特徴
房、粒は小さく、果皮は厚い、マスカットのような味。

樹勢が強く、成熟はやや遅い。成熟が十分でないとハーブなど草木の香りが出やすく、十分な成熟をすると果実の香りが強く出る。

ブドウ界の「シンデレラ」、ソーヴィニヨン・ブラン

アロマティック、大体の意味はわかるでしょうか。テイスティングでソムリエが使う場合は、そのブドウ品種から由来する香りがはっきりと表れている場合に使います。アロマティック＝ブドウ品種の香りが強い、ということです。ワインとなった場合、果実の香りがはっきりと感じられます。

ソーヴィニヨン・ブランは、アロマティックな品種の代表ともいえる存在です。ニュートラルな個性を持つシャルドネとは対極にあります。

白ワインはブルゴーニュが一番という認識からだったのでしょうか。以前は「白ワインはドライに限る、フルーティなワインは初心者向け」といったイメージがありました。フルーティな個性のソーヴィニヨンは、ドライなシャルドネの影で、貧乏くじを引かされてしまったともいえるでしょう。

ソーヴィニヨン・ブランはボルドー地方とロワール中上流域のブドウ品種です。ボルドーでは、古くはセミヨン[1]とブレンドされる補助的な存在でした。当時は、「ボルドーは、赤ワインは素晴らしいが、白はブルゴーニュに及ばない」といわれており、品質におけるイメージは

よくありませんでした。前述の通り、ソーヴィニヨン・ブランはアロマティックなのですが、「好ましくない香りがある」とさえ言われていたのです。

槍玉にあげられたのは「青臭さ」です。ソーヴィニヨン＝ハーブの香りと認識されていました。ハーブなど草木の香りが強すぎると、それはブドウが未熟であるためだと評価されてしまい、したがって、シャルドネには及ばないといわれてしまうわけです。

1980年代、ボルドーでソーヴィニヨン・ブランの研究、改善が進められました。それによってこの品種が本来持つ「フルーティさ」を前面に出すワイン造りが行われるようになります。80〜90年代には、「フレッシュ&フルーティ」という言葉が流行り、その主役となったソーヴィニヨンは、「ドライこそ白ワイン」という認知に対抗すべく、人気を盛り返しました。

ソーヴィニヨン・ブランの台頭には、さらに拍車がかかります。醸造学の権威であるボルドー大学の教授が「ソーヴィニヨン・ブランは木樽で醸造させるとよい」とまったく新しいアイディアを発表し、実践しました。この革新的なワイン造りにより、ソーヴィニヨン・ブランは洗練という次なるステージに進んだのです。

発展はまだ続きます。それは成熟についての研究です。ソーヴィニヨン・ブランは青臭さや、人によっては不快と感じる香りが出やすいとされていましたが、それはブドウ自体の香りからきているのではなく、成熟に問題があったということがわかったのです。「適正な成熟を迎えたソーヴィニヨン・ブランに青臭さは出ない」ということです。

こうして、クリーンで華やかな風味と木樽による洗練、成熟によるポテンシャルを身につけたソーヴィニヨンは、ボルドーの白ワインをブルゴーニュに匹敵するほどにまで進化させました。

もうひとつのソーヴィニヨンの産地、ロワールでもボルドーを手本に同様の発展が進みました。青臭さがなくなり、より成熟度の高いワインがスタンダードとなったのです。20年前当たり前とされていたソーヴィニヨン・ブランの個性と、現在のそれとではまったくの別物になったわけです。

現在、フランスだけでなく、世界中でその個性は高く評価されるようになりました。また、より香りが豊かなワインが好まれる傾向も手伝って、ソーヴィニヨン・ブランに取り組む造り手は増える一方です。まさにシンデレラですね。

猫のおしっこ？　カシスのつぼみ？　――ソーヴィニヨンのフレーヴァー

田崎真也さんが主催していた「若手ソムリエセミナー」は、まさにソムリエの虎の穴で、スパルタ教育によるテイスティングの訓練が行われていました。田崎さんが世界最優秀ソムリエとなる前のことです。

どれだけ厳しかったかはまた別の機会にお話しするとして、そこでは田崎さんから、聞いたこともない、他の誰も知らないようなフランス語の表現法が伝授されていました。「ほぉー」と感嘆すると同時に、「何だそれは?」、そして「チャンスあらば、使ってやる!」という、したたかな思いを秘めつつセミナーに臨んでいました。

衝撃を受けた数々の表現の中でも特に印象に残っているのが、「猫のおしっこ」と「カシスのつぼみ」というソーヴィニヨン・ブラン特有の香りです。

飲み物を猫のおしっこなどと表現してよいのかとかなり戸惑いました。チーズや料理に「馬糞」やら、「犬の糞」と名付けてしまうフランス人ならではなのでしょう。猫を飼ったこともなく、近づいたこともほとんどなかったので、「どうやってマスターしたらよいのだろう」と迷宮に入ったような気持ちになったのを覚えています。違ういい方をすると「麝香《じゃこう》(ムスク)」の香りです。

「カシスのつぼみ」も初めて聞いた時は衝撃でした。カシスですら、まだ「わかったつもり」レベルなのに、そのつぼみですから。カシスを栽培でもしない限り、本物の匂いを嗅ぐことは困難です。でも初めて使ったときはかなりの自己満足の思いに浸りました。

ハーブや芝生の香りでは印象があまりよくないし、未熟香といえばそうなので、いわば欠点です。そこで、よく成熟したものとそうでないものとの差別化のために生まれたようなヴォキャブラリーが、これらなのです。つまり、「ハーブ↓芝生↓猫のおしっこ↓カシスのつぼみ」と、香りのタイプ、成熟のレベルにより、使い分けるようになったわけです。

ではは実際にはどんな香りかというと、カクテルのキールが一番近いと思います。カシスリキュールが爽やかな白ワインで薄まった、そんな感じの香り、と理解しています。この香りはロワール地方の特にサンセールで感じられますが、同じソーヴィニヨンでも赤ワインの、チリのカベルネ・ソーヴィニヨンにも感じられることがあります。つまりソーヴィニヨン独自の香りであり、適正な成熟をしたソーヴィニヨンからはあまり強くは感じられません。

このように香りの表現は、ブドウの栽培、成熟、醸造など技術や科学の進化、発展により、移り変わっていくのです。

Sommelier's Note 3

白ワインの醸造技術

Technology of white wine

ソーヴィニヨンは技術革新により、大きく発展しました。その立役者はボルドー大学のドゥニ・ドゥブルデュー教授です。現代醸造学の権威であると同時にクロ・フロリデーヌ、シャトー・レイノンのオーナーであり、ボルドーをはじめ数々のワイナリーのコンサルタントでもある、多才な方です。ここでは、白ワインの醸造技術を3つご紹介します。

◎スキンコンタクト

白ワインは通常、収穫したブドウをすぐにプレスして、ジュースのみを発酵させます。

スキンコンタクトとは、ブドウを軽く潰した状態で半日から1日置いておく醸造方法です。果皮のすぐ内側には香り高い成分がありますので、漬け込むことにより、フルーツの香りが強くなるのです。同時に大なり小なり色がつくので、ワインはより黄色が濃くなります。

若いにもかかわらず、グリーンというより、黄色が強くみえるソーヴィニヨンがあれば、かなりの確率でスキンコンタクトしているといえます。この技術によって、青臭さより果実味を前面に出すことが可能になったのです。

◎木樽醸造

木樽でワインを熟成させる（＝発酵を終え、できあがったワインを樽に詰める）のはブルゴーニュでは古くより行なわれてきました。しかし、木樽で「醸造」する、つまりアルコール発酵の段階から木樽に詰める、それもソーヴィニヨンで、というのは革新的でした。

どんな効果があるかというと、発酵中は酵母が液中を動いています。そこで酵母が、木樽からのタンニンが強い香り成分を栄養として消費してくれるので、木樽の風味がワインへソフトに移るのです。もともと香りの強いソーヴィニヨンにはよい効果が得られます。

またできあがったワインを木樽に入れる（熟成させる）ということは、ワインが静置した状態です。一方、発酵を木樽で行うということはワインがいわば動いている（循環している）状態です。

つまり、木樽熟成は、香水をつけるように後から香りを足すのに対して、木樽醸造はもともとの香りとしてワインに取り込ませる、ということです。いわゆるケバさが抑えられるのです。


こうして造られたワインは、第一印象では爽やかでピュアでありながら、あとからヴァニラやビスケット、スコッチウイスキーのような芳香が出てきます。魅力的ですよね。

◎バトナージュ・シュールリー

木樽醸造を終えると、そのまま熟成に入ります。当然、樽内にはオリ（酵母の残骸や結晶化した成分）が沈んでいます。

酵母は発酵中、栄養分として香気成分やアミノ酸を吸収しています。オリの結晶化した成分もワインのエキス分です。それらを取り込もうというのが、このバトナージュ・シュールリーです。熟成中にスティック（バトン）で定期的に攪拌《かくはん》するのです。

このプロセスにより、ボディに厚みやヴォリュームを与えることができます。

世界のソーヴィニヨン・ブラン

主な産地であるフランスのボルドー、ロワール（トゥーレーヌ、中央部）に加え、シャブリでも「サン・ブリ」というワインがソーヴィニヨンから造られます。ラングドックでもヴァン・ドゥ・ペイ（IGP＝地酒）[2]として栽培されています。その他ヨーロッパ諸国でも人気は高まっています。

ニュージーランド・マルボロのソーヴィニヨンは「カシスのつぼみ」の香りがはっきりと感じられる成熟度の高いワインです。オーストラリアのヴィクトリア、南オーストラリアのものは、フローラルで心地よい味わい。カリフォルニアは、ハーブらしいタイプとフローラルなタイプが混在していますが、優れた造り手のソーヴィニヨンは高い評価を受けています。

ソーヴィニヨン・ブランがわかる10本

- ボルドー――レイノン
- ペサック・レオニャン――クーアン・リュルトン
- トゥーレーヌ――アンリ・メール
- サンセール――アルフォンス・ムロ

●プイィ・フュメ――ドゥ・ラドゥセット
●フリウリ（イタリア）――イエルマン
●マルボロ（ニュージーランド）――クラウディ・ベイ
●アデレード・ヒルズ（オーストラリア）――ショウ＆スミス
●ソノマ（アメリカ）――ロキオリ
●アコンカグア・レイダヴァレー（チリ）――モンテス

ソーヴィニヨンのサービス――アロマティックさを活かす飲み方とは

フレッシュなタイプと木樽醸造したもので当然違いはありますが、リースリングと同様に温度は低めにしておきたいところです。やはり、果実香、フローラルさを最初に感じていただきたいですから。

木樽やムスクの香りは後からジワーッと出てくる感じがよくて、前面に出てしまうと拒絶してしまう方もいるかなと心配してしまいます。グラスも小さめが好みです。

カラフェへの移し替え（つまり空気接触させること）も基本的には必要ないと思っています。最近は造り手も、カラフェの必要性を説いてくることがあります。もちろん造った彼らが言うのですから尊重したい気持ちはあります。ただ、彼らはいわば、そのワインの親ですから、我が子をより高く評価してほしいと思うのは当然のこと。ですから尊重しつつも、冷静に判断すると、やはり基本はしないことが多いでしょうか。アロマティックなところがソーヴィニヨン・ブランの持ち味ですから。

料理とのハーモニーですが、個性の強いソーヴィニヨンですから、一見難しそうです。料理の香りと反発するのではと心配が先に立ってしまいます。しかし、実はけっこう幅広く合わせられるのです。フランス料理はもちろん、日本料理、中国・アジア料理、BBQなど、意外とうまくいきます。ワイン同様、ハーブ・スパイスを多用したアロマティックな料理がいいですね。「ソーヴィニヨンと」というよりも、「どの産地のものと」と考えることの方が多いです。

プロほど迷うブラインドティスティング

ブラインドテイスティングは、銘柄が何だかわからない状態でテイスティングをすることで、ソムリエコンクールや試験では定番となっています。

テレビで、ソムリエがブラインドテイスティングをして、銘柄を次々に当てていく模様が放映されたこともあり、多くの人が「プロはブラインドで当てられる」と思っているようです。また、ワインスクールなどで勉強された方は総じてブラインドテイスティング好きで、当てられる＝テイスティング能力が優れている、と理解している節もあるようですね。

しかし、実はそうそう当たるものではありません。テイスティングやブラインド大会で当たるのは、「フランスワインが出る」「前後の流れから、次はこのあたりだろう」といった予備知識や事前情報、予測のもとに銘柄を考えているからです。

ソムリエコンクールを観戦された方がたいてい驚かれるのは、ファイナルにまで勝ち上がってきた実力のあるソムリエが、全然当てられないことです。世界中のあらゆるワインが出されるという前提で行われるソムリエコンクールでは予備知識がまったく活かせません。もちろん事前情報は一切ないわけですから、たとえよく知っている銘柄が出たとしても迷ってしまうのです。

むしろ、経験豊かなソムリエほど、その迷いは大きくなります。

たとえば、いかにもソーヴィニヨン・ブランの個性が感じられるワインが出たとします。「これはソーヴィニヨンだ。待てよ、ヴィオニエにもこんなタイプはある。スペインのヴェルデホもこんな香りがあるぞ。ポルトガルのエンクルザードというブドウもある……」と深読みをしてしまいます。そして考えれば考えるほど、正解から遠ざかっていくのです。

1996年、フランス食品振興会が主催するソムリエコンクールに出場したときのことです。私は当時26歳、駆け出しもいいところです。運よく本選まで進むことができましたが、周りは著名レストランのソムリエの方ばかりでした。

ブラインドテイスティングで白・赤1種ずつワインが出ました。白ワインを私は迷うことなく、「ソーヴィニヨン・ブラン、サンセール」と答えました。というよりも、それしか頭に浮かばなかったのです。

審査を終えた後、他の出場者の審査を見ることができました。すると、錚々たる顔ぶれの先輩方は、「ロワールのムスカデ」「アルザスのミュスカ」など、自分には思いもよらない答えを出していくのです。

「あ、そうか！　その可能性があるんだな」「あの人がミュスカと言うんだから……、たしかにその通りだ」と、感心すると同時に落ち込んでいました。

ところが、発表された正解は「サンセール」。コンクール初出場にして、ブラインドを当てることができたのです。審査員の方に、「なんの迷いもなく、自信を持って答えていたね」と声をかけられました。

「僕、センスあるのかな？」と思いきや、その後何度かコンクールに出場しましたが、当たることはほとんどなく……。ビギナーズラックとはこのことでしょう。

コラム――3

ワイングラスの選び方

ワインを楽しむためのツールの中でも、グラスはとても重要です。

バカラをはじめ、サンルイ、ラリックといった豪華なブランドから、リーデル、ロブマイヤー、シュピゲラウ、ツヴィーゼルなど機能性も追求したタイプ、そしてスガハラ、木《き》村硝子《むらがらす》といった日本勢まで、メーカーがさまざまなのはもちろんのこと、形状も多様で、ワインの香りや味わいを最大限に高めるために研究されています。これほどまでに洗練された飲用容器が捧げられている飲み物って、他にはないですよね。

グラスの大きさですが、香りのヴォリュームの大きさに比例させるのがセオリーですから、より高価なワインにより大きなグラスというのは、あながち間違いではありません。

しかし、香りの強いワインだけが価値があるというわけではなく、より緻密で、複雑な、熟成したワインや、バランスがよく、上品さのあるワイン、香りがいい状態で感じられるワインは、小ぶりのグラスの方がよいので、小さなグラスが出てきたからといって、ワインの価値が低いというわけではありません。

またトレンドもあります。アメリカでは大きいグラスが好まれる傾向があり、カリフォルニアワインの台頭とともに、大きなグラスが流行りました(90年代)。

レストランでは、テーブルセッティングの

バランスや利便性を考えて、やはり大きすぎるグラスを避ける傾向がヨーロッパには出てきています。壊れやすい（扱いがデリケート、収納に困る）というのが、大きなグラスのデメリットですから。

　私は個人的には大きくないグラスが好みなので（もちろんワインのことを考えてこそですが）、大きなグラスを使うことはあまりありません。「もっと大きなグラスはないんですか？」と、言われてしまうこともあります。もちろん、そんなときは快く、お持ちしますよ。

　また、セッティングや在庫の都合だけではありません。近年、ワインには力強さより、バランスのよさ、洗練、飲みやすさが求められているわけですから、大きなグラスが適合しないケースも多々あるのです。

　また、大きなグラスというのは、いわば強く見せる、大きく見せるという効果、目的も少なからずあります。豊満なボディであれば大きなグラスが最適ですが、大きく見せるより、サイズに合ったグラスを選ぶ方が大切だと思うのです。もちろん大きく見せることが必要な時もあります。ワインのためというより、お客様の気分を盛り上げるためですね。

　それでは、さまざまなグラスの形にはどんな意味があり、どう使い分けるのでしょうか。

　グラスの形は、スマートな「チューリップ型」とボールのようにふくらんだ「バルーン型」に分けられます。

まず最初のポイントは、ワインをグラスに注いだときにできる表面積です。この広さが空気に触れる大きさになるので、香りの広がり方に大きく影響します。

さらに、グラスメーカーはその形状に工夫を凝らし、「ボルドータイプ」「ブルゴーニュタイプ」とワインに合わせたグラスを製作しています。たしかにその違いはあるのですが、私は「グラスの形はワインのボディの形と合わせる」のが大切だと思っています。

ワインの味わいを表す際、その広がり、バランスをボディと呼び、体型にたとえられます。飲んだとき、スムーズで、直線的に感じるボディのワインにはチューリップ型が、円みを持ってふくよかに広がる味わいにはバルーン型がよいのです。

たとえば、フランス・ボルドーの赤ワインは、バランスよいボディをしているので、チューリップ型がよく、同じくブルゴーニュは、広がりのあるボディなのでバルーン型が適しています。またボルドーであっても、エリアや造り手、ヴィンテージにより、ふくよかで豊潤な味わいのものがあります。そういう場合には、バルーン型がよいのです。

違う捉え方で楽しむこともできます。スムーズな飲み口、喉ごしが好みの方は、チューリップ型のグラスでブルゴーニュを味わうと、よりスリムに感じることができます。

グラスはあくまでもワインを楽しむための道具。「こうでなくてはいけない」より、「どう楽しみたいか」「自分の好みは」が大切なのです。

されど、ワイングラスには歴史があり、職人たちの創意工夫により、ワインをより洗練された飲み物に昇華させてきました。学べば、その奥行きの深さを知ることができるでしょう。

1 セミヨン…フランス、ボルドー地方の白ブドウ品種。辛口に加えて、甘口（貴腐）ワインにも用いられる。「麝香（ムスク）」や「ヨード」の香りが特徴。オーストラリアでも古くから栽培されている。

2 ヴァン・ドゥ・ペイ（Vin de Pays）…ＥＵ諸国で採用されているワインの法的なカテゴリーで、地域名を表示した、いわば地酒。２００８年よりＩＧＰという呼称に変更された。

4 濃密

Chenin Blanc

シュナン・ブラン

スパークリングから貴腐ワインまで幅広くこなすマルチプレーヤー

ロワール河畔と聖ニコラス教会

◎シノニム
ピノー・ドゥ・ラ・ロワール、スティーン

◎原産地
フランス・ロワール地方アンジュ地区。その起源は845年に遡る。のちにトゥーレーヌ地方、シュノンソーなど城下で栽培されるようになり、広まっていった。

世界に広まっていく過程で、しばしば誤まった認識で栽培されていた。古くからスティーンとして栽培されていた南アフリカで、同品種がシュナン・ブランであることが認識されたのは近年になってから。

またオーストラリアではセミヨン、もしくはアルビーリョ、チリ、アルゼンチンではピノ・ブランコと呼ばれていた。

◎主な栽培地域
フランス（ロワール、ラングドック）、南アフリカ、カリフォルニア、アルゼンチン、チリ、メキシコ、ブラジル、ウルグアイ、オーストラリア、ニュージーランド

◎特徴
房は中位大、粒も中位大で密集している。

果皮は薄い。成熟はゆっくりと進む、晩熟型。

比類ない濃密な個性、シュナン・ブラン

アロマティックなブドウ品種の代表がソーヴィニヨン・ブランであれば、シュナン・ブランはその対抗馬です。もちろん他にも世界には個性豊かなアロマティックな品種があります。アルザスのゲヴュルツトラミネール、ローヌ地方や南フランスのヴィオニエ、イタリアのヴェルメンティーノなど枚挙にいとまがありません。

しかし、ここでシュナン・ブランを取りあげる理由は、同じアロマティックな品種の中でも、「濃密さ」という、リースリングにも、ソーヴィニヨン・ブランにも、ヴィオニエにもない、特別な個性を持つからです。

シュナン・ブランが持つ、その特別な濃密さを出す香りはというと、「花梨《かりん》ジャム」です。私も最初にこの濃密な香りを嗅いだときは、「なんと表現したらいいんだ?」と困惑したのをよく覚えています。

花梨はのど飴にもよく使われますから、なんとなく理解してもらえると思うのですが、黄桃やネクタリンのコンポートと花の蜜を合わせたような香りと私は理解しています。いかにも濃密そうな香りでしょう。

しかし、この「花梨ジャム」の香りは、ロワール産以外のものでは、はっきりと表れることは少ないです。世界で広く栽培されているシュナン・ブランですが、その真価が発揮されるのはやはりロワールです。

シュナン・ブランは変幻自在

シュナン・ブランのもうひとつの大きな特徴は、あらゆるタイプのワインを、それも良質なものを、多様に生み出せるということです。

ロワール中流域のアンジュ地区、トゥーレーヌ地区では素晴らしい甘口、および貴腐ワインが造られています。アンジュのボヌゾー、カール・ドゥ・ショームはボルドー地方のソーテルヌ[1]最良のシャトー（ワイナリー）のものを凌駕《りょうが》するといっても過言ではありません。

アンジュは雨が少なく、湿度も低いのですが、日照には恵まれています。そして、ロワールという大河とその支流から朝方立ち込める霧のおかげで、貴腐菌の繁殖がとてもよく進むのです。ソーテルヌよりも貴腐果の収穫は安定しているともいえます。トゥーレーヌ地区のヴーヴレのワインも、文豪バルザックが愛したものとして知られています。

貴腐ワインに加えて、過熟ブドウ（収穫を遅らせて糖度を高めたもの）による、甘口（ドゥー）、半甘口（ドゥミ・セック）も広く認められています。ですから、ロワールのワインは「doux（甘口）」、「demi-sec（半甘口）」とラベルに表記されます。

シュナン・ブランによる辛口で特筆すべきワインは、フランス五大白ワインのひとつとして評される「サヴニエール・クーレー・ドゥ・セラン」です。花梨ジャムの濃密な香りに深みのあるミネラル感をたっぷりと湛えたそのワインは、熟成により、アプリコットや蜂蜜といった、さらに濃密な香りと厚みを持つ味わいへと発展していきます。

ヴーヴレもしかりですが、熟成は極めてゆったりと進み、20年、30年と熟成したものでも、まだ若々しさが感じられるほどのポテンシャルを持つのです。

しかし残念ながら、流通しているのは若いものが多く、熟成したものにはなかなか出会えません。

アンジュとトゥーレーヌの間にあるソーミュール地区では、スパークリングワインが造られています。アロマティックで、爽やかさを兼ね備えた、バランスのよい味わいが特徴です。

Sommelier's Note 4

貴《き》腐《ふ》ワイン

Noble rot wine

貴腐ワインとは、ボトリチス・シネレアと呼ばれるバクテリア（通称、貴腐菌）が、よい条件で繁殖したブドウ（貴腐ブドウ）から造られる、特別な甘口ワインです。

この菌は病原菌でもあり、ブドウが未熟な段階で繁殖し、その段階で雨が降ったり、多湿だったりすると、「灰色カビ病」という病害となってしまい、そのブドウは収穫することができません。またその病気は周囲のブドウに感染することもありますし、畑に落ちるとその土が汚染されるという危険があります。

ですから、貴腐ブドウを育てるということはリスクを伴うことなのです。

ブドウが成熟するころ、午前中は霧が立ち込め、午後は快晴という条件で、貴腐菌は付き始めます。とはいえ、均一に付くわけではありません。ブドウ樹ごと、房ごと、粒ごとに付き方は違うわけです。

いい状態で貴腐が付いたブドウを選んで収穫するため、同じ畑を何度も何度も回り、選別しながら、収穫をくり返すのですから、大変な手間がかかります。その間に雨が降ってしまったら、おしまいです。灰色カビ病になってしまうのですから。

こうして苦労して収穫した貴腐ブドウは、糖分と成分が凝縮され、ワインにすると蜂蜜のような特別なフレーヴァーを持ったワインとなります。

貴腐ワインは「デザートワイン」、つまり

デザートと楽しむワインと認識されていますが、最良の貴腐ワインは、どんなパティシエでも創り出せないほどの優美な甘さを持つのです。

ではどのように貴腐ワインは生まれたのかというと、それはなんと「偶然」です。

1650年ごろ、ハンガリーのトカイ地方では、オスマン帝国による侵略の影響で収穫が遅れたため、ブドウが過熟状態となってしまいました。そして霧が立ち込める季節を迎え、それらは干しブドウのように、カビでクシャクシャになった状態で収穫されました。こうして造られたトカイワインが、世界最初の貴腐ワインであるとされています。

その後、ドイツ、フランスでも貴腐ワインが生まれていくのですが、いずれも何らかの理由で収穫が遅れ、貴腐菌が繁殖し貴腐ブドウがうまい具合にできあがったという、まさに「偶然の産物」なのです。

このワインはたちまち評判をよび、ルイ14世は贈られたトカイ産貴腐ワインを「ワインの王にして王のワイン」と絶賛したといわれます。また1779年には、オーストリアのマリア・テレジア女王（マリー・アントワネットの母）が、黄金色に輝く貴腐ワインに金が含まれているのではないかと思い、ウィーン大学で分析させたとの逸話も残っているほどです。

日本でも1975年にサントリーが貴腐ブドウの収穫に成功し、大ニュースとなりました。

世界のシュナン・ブラン

これまでお話ししてきたように、シュナン・ブランの真髄はロワール地方で発揮されています。世界中で広く栽培されているのですが、ロワール産のものの品質が群を抜いているといえるでしょう。また「シュナン・ブラン」ではなく「スティーン」と呼ばれている南アフリカでも秀逸なものを見つけることができます。

シュナン・ブランがわかる10本

- サヴニエール・クーレー・ドゥ・セラン ── ニコラ・ジョリー
- サヴニエール・ロッシュ・オ・モワンヌ ── オ・モワンヌ
- キャール・ドゥ・ショーム ── ボーマール
- ボヌゾー ── シャトー・ドゥ・フェール
- シノン ── クーリー・デュテイユ
- ヴーヴレー ── ユエ
- クレマン・ドゥ・ロワール ── ラングロワ・シャトー
- クレマン・ドゥ・ロワール ── グラシアン・エ・メイエ

●ソーミュール――ロッシュ・ヌーヴ
●パール（南アフリカ）――ブラハム

シュナン・ブランのサービス――微妙な温度設定と空気接触が命

シュナン・ブランの個性は、その濃密なアロマティックさにあります。ソーヴィニヨンやリースリングは冷やすことをポイントに置きましたが、そうはいきません。濃密な個性ゆえに香りが華やかに広がらないものが多いからです。

また味わいも、（甘口でなくても）甘みを豊かに感じるものが多く、厚みがあります。このようなワインを冷やしすぎてしまうと、ボディが痩せた印象になり、苦く感じてしまいます。ですのでタイプにもよりますが、温度はやや高め、12～14℃という、微妙な設定をしないといけないのです。

また香りが閉じていることが多いので、空気に触れさせることも大切です。シュナン・ブランの花梨ジャムや蜜の香りを感じてほしいですから。表面積が広くとれるグラスが必要です。またカラフェに移し替えることもよくあります。

前述のフランス五大白ワインのひとつ、サヴニエールの名手として知られるニコラ・ジョリーは、「前の日にカラフェをするように」と書いたメモを、自らのワインの箱に入れておくほどです。それは大袈裟《おおげさ》ではなく、たしかに前日にカラフェしておいても、酸化するどころか、香りが十分には開いていないこともあるくらいなのです。極端な例ですが、シュナン・ブランはそれくらいゆっくりと香りが開いていくのです。

料理は幅広く合わせられます。バターで調理したもの、クリームを合わせたもの、貝類もいいですし、優しい身質の肉にも合います。魚はもちろん、白身でも赤身でも。川魚が定番ですが、サーモンともよく合います。きのこ全般とも相性はとてもよく、マルチなワインです。温度と空気接触がうまくいけば、シュナン・ブランは飲み手を存分に楽しませてくれます。

ワインを理解するとは、「テロワール」を理解すること

テロワール。――ワインをある程度好きになり、学んでいくと、耳にするフランス語です。フランス人のみならず、ワインの造り手はこの言葉が大好きです。またソムリエや専門家もこの言葉を好んで使う傾向があります。「その土地の特徴」と理解されていることが多いと思いますが、私はそれだけでは不足しているように思います。

なぜかというと、たとえばシュナン・ブランの典型的な香りは「花梨ジャム」の香りです。ロワールのヴーヴレをテイスティングして、花梨ジャムの香りがあれば「テロワールの個性が出ている」と表現し、シャブリをテイスティングして「火打石」のような香りがあれば、それはテロワールだと評価することがありますが、テロワールの香りはその土地でのみ感じられるものでないといけません。しかし、花梨ジャムや火打石の香りがするワインは他にもあります。

ロワール地方アンジュのワイナリーを訪問した時に聞きました。

「ここは本当に心地よい。春は陽光に恵まれ、夏も暑すぎることはなく、冬も凍えるほど寒くはならない。カラッとしているし、風も気持ちがいい。風景もいいし、歴史ある城や建造物もある。すべてが穏やかなんだ。ワインも刺すようなシャープな酸味となることなく、なめらかで、しつこくない柔らかな甘みがある。そうそう、女性もこの土地の人は穏やかで優しい」

すべてが穏やか。その方はフランス語で「doux（ワインの甘口を表す語）」と表現しました。この話を聞いたときに、目の前の霧がすこし晴れました。

気候や地勢、土壌からくる個性といった、直接的な物理、理論でまとめられはしないもの、その土地の歴史や文化、経済、住む人たち、祭事、食材や郷土料理、そういった周囲をとりまく、目に見えるものと、見えないものすべて関わって生まれるのがワインであり、それがテロワールというものだという理解に近づいたのです。

ということは、その土地で暮らしていない人間が「これがアンジュのテロワールの個性だ」などと言うのは軽率なことで、ただの知ったかぶりにしかなりません。

もちろん、ソムリエとしてテロワールを理解すべく努めるのは大切なことだと思っています。香りが合う、味が合う、色が合う、それだけで料理とワインのハーモニーを考えてはいけません。テロワールの理解に近づくからこそ、ワインの醍醐味、料理の醍醐味を堪能することができるわけで、それこそがレストランの醍醐味となるからです。

ワインの醍醐味とは何でしょうか。それは、そのワインを味わったときに、その土地が思い浮かぶ、その土地へ行ってみたいと憧れる、そしてその土地で郷土料理とともに、そのワインを再び味わうことだと、私は理解しています。

ワイン産地の「正しい」めぐり方

ブドウ畑をめぐる旅は素晴らしいもので、プロでなくとも多くの人たちが観光として、あるいは向学のために、出かけています。ワイン産地の観光吸引力は絶大で、たとえばアメリカでは、カリフォルニアのナパ・ヴァレーの来訪者数は、ハリウッドに匹敵するほどです。

ここでは、より有意義な旅にするためのおすすめについて、お話ししたいと思います。

まずは、「やってしまいがち」な例を。

・せっかくの国際線、機内食2食を完食する、お酒も十分楽しむ。

・ディナーはすべて星つきレストラン、美味しいパンをいろいろと試してみる。

・朝食でも美味しいクロワッサンやパン・オ・ショコラを堪能。

・現地での長い移動中に睡眠をとる。

旅行は個人の楽しみですから、否定するつもりはまったくありませんが、これではワインツアーを存分に楽しむのは難しいかもしれません。

私がワインツアーで実践している、おすすめの過ごし方について紹介します。

まずは時差対策です。出発前日はあまり睡眠をとらないようにします。離陸したら、早々にできるだけ長く眠ります。到着に向けて眠気のある状態を避けるのです。

機内での飲み食いは最小限にし、空腹での到着を心がけます。昨今、航空会社はより充実した機内食、サービスにたゆまぬ努力をしています。ビジネスやファーストクラスともなれば、レストランのようなサービスが提供されます。これも旅の楽しみのひとつでしょう。

しかし、今回の趣旨は「ワインツアー」です。我慢した分、到着後の楽しみは倍増すると信じて、機内でのお楽しみは抑えめにしておきましょう。

到着したら、ディナーではすこし無理をしてでもしっかり食べます。その晩ぐっすり眠り、翌朝を空腹で迎えないようにするためです。

朝食はパン1個にコーヒー、あとはフルーツかヨーグルトまでにします。旅行では朝食も楽しみのひとつですが、時差を早めに調整して、昼夕を堪能できる胃の準備をするのです。

いよいよブドウ畑に出発です。

ここで大切なことは道中、車窓からの風景をよく見て、記憶に刻んでおくことです。これがワインへの理解を深める最初の一歩です。

季節がよければ、菜の花畑や、アーモンドの花が咲く丘が見えることもあります。古い教会があったり、羊や牛の牧草地が広がっていたりします。運転をしてくれている現地の人に、

「ここはどこですか?」

「あれはなんですか?」

と質問攻めにします。写真もたくさん撮りましょう。

さて到着です。

まずはブドウ畑に案内してもらいます。ブドウが「どのように栽培されているか」は、

もちろんですが、畑の周りに何があるか、見渡してみます。松林やオリーブの木に囲まれていたり、遠くに海が見えたり、雄大な山の絶壁が眼前に迫っていたりすることもあります。桃やあんずの木があちらこちらに点在していることも、すぐ近くが港町なんてこともあります。

ブドウ畑の周りの環境、その土地の歴史、習慣や考え方、名産品を知ることが、ワインをより理解することにつながるのです。

ワイナリー訪問を終えたら、地元の人が訪れるレストランやビストロで、郷土料理と、訪問したワイナリーのワインとの、本物のハーモニーを体験します。店が決まっていなかったら、ワイナリーの人に紹介してもらうとよいでしょう。

ワインも料理も、その土地の気候風土、文化、習慣、食事、人々との密接なつながりが、その個性となります。フランス料理は伝統料理と郷土料理が基礎となっています（他の国でも同様のことがいえます）。ワインとのハーモニーもそこに基礎があります。その基礎を本場で体験できるのは素晴らしいことです。

星つき有名店も魅力的ですが、1店舗ぐらいにしておきます。高級店の料理はかなりアレンジが利いていて、郷土料理とはずいぶん違い、地方性は薄れています。

また贅沢はたまに経験するから贅沢なわけですし、毎食高級店ではそのよさも半減してしまいます。ジャーナリストでも批評家でもないのに、「この三ツ星はいまひとつだ」なんて口走りながら食事をするのが、もっとも無粋な高級店の楽しみ方です。

著名なワイナリーを訪問するだけでも、十分有意義とはいえますが、道中をすっかり眠ってしまい、醸造方法のレクチャーを受け、ワインをテイスティングするだけであれば、日本にいてもできることをしているだけです。

道中の風景やブドウ畑の風景はウェブサイトには出てきません。そこに行かないとできない体験をすることこそ、旅の醍醐味だと思うのです。

［番外］

以前ワイナリーの方から、あまり嬉しくない訪問者について聞いたことがあります。

・写真ばかり撮り、話はあまり聞いていない。
・数字についての質問が多い。
・テイスティングしても感想を言ってくれない。
・他のワイナリーと比較する。

要はコミュニケーションです。ワイナリーの人たちは仕事中の大切な時間を使って、我々を迎えてくれているのですから、そこに敬意を持って振る舞い、「招かれざる客」にならないようにしたいですね。

1 ソーテルヌ(Sauternes)…フランス、ボルドー、ガロンヌ河沿岸のエリア。貴腐ワイン産地の代名詞であり、品質は群を抜く。シャトー・イケム、シャトー・クリマンスといった銘醸ワイナリーがひしめいている。

5

甲州
Koshu

穏和

ポリフェノールを含んだ日本土着の白品種

甲州ブドウ

◎原産地

不詳。紀元前2世紀、中国にこのヨーロッパ系品種がもたらされ、その後7~8世紀ごろに日本に渡ってきたと考えられている。雨宮勘解由《あまみやかげゆ》という人物が、1186年に、めずらしい蔓草《つるくさ》を発見し植えたのが「甲州」の起源として記録に残っている。

◎主な栽培地域

山梨

◎特徴

房、粒ともに大きく、ピンク色を帯びた、硬い果皮を持つ。果肉は締まっていて、風味はニュートラル。晩熟型。

ワイン用ブドウ品種の日本代表、甲州

甲州は世界的にみると栽培面積はわずかで、本書で紹介する白ワインの5つのブドウ品種に入れるには、シャルドネやリースリングに比べると極めてマイナーです。しかし、日本原産のブドウで、独自の個性を持ち、日本人としてワインを語るにおいて日本固有のブドウを知っておくことは大切なことですから、ここで取りあげたいと思います。

ワインにもっとも適したブドウは、学名「ヴィティス・ヴィニフェラ」というヨーロッパ原種のものです。日本にもともとある多くのブドウはアジアまたはアメリカ原種のもので、これらはワインよりも生食に向いています。ワイン用のブドウとの違いは房や粒が大きく、水分が多いことです。ハッキリとしたブドウの香りがあり、酸味が少なく、甘みもしくは渋みが強い。ワインにすると濃縮ブドウジュースのような香りが際立ち、風味はより荒々しく感じられます。コンコードやデラウェアといったブドウがそれにあたります。

上手に造られたそれらのワインは飲みやすさ、親しみやすさがありますから、日本らしいワインということで存在の意義は大いにあります。しかし、国際的なワイン市場においてはヨーロッパ原種がワインの品種として完全に認知されていますので、ワイン生産国として認められ

るためには原料にヴィティス・ヴィニフェラを採用することが必須となっています。

甲州は、日本のブドウ品種でありながら、ヴィティス・ヴィニフェラのDNAをもつヴィティス・ダヴィーディ（Vitis Davidii）という固有のものなのです。古くから山梨で栽培されており、ワイン用としてだけでなく、生食用として現在でも出荷されています。

日本のワイン造りの歴史は決して浅くはなく1870年ごろとされています。中小規模でも100年以上の歴史を持つワイナリーも少なからず存在します。しかし日本に最初に入ってきたとされるワインは、「チンタ酒」と呼ばれるポルトガルからの甘口ワインでした。この認識からか、甘口のものが主流で、長い間甲州は山梨の土産物という範疇を抜けることがなかったのです。またワイン生産の多くは輸入ワインのブレンドまたは輸入濃縮還元ジュースに頼っており、国際市場への進出など考えられていなかったといえます。

1980年代からヨーロッパ系ブドウによるワイン造りに徐々に本腰が入れられるようになり、伝統国から著名な造り手や専門家を招き、アドバイスを受けるなどの改革が進められました。そして90年代、数々の国際コンクールで日本ワインが高い評価を受けるようになったのです。受賞ラッシュとなったのはシャルドネ、カベルネ・ソーヴィニヨン、メルローといったヨーロッパ系ブドウ品種のワインですが、海外の専門家が注目するのは甲州です。

「たしかにシャルドネやカベルネによるワインはよくできているね」とは言いながらも、彼らの興味は甲州だと思います。海外のソムリエたちと話す機会があると、よく甲州のことを聞かれます。「甲州は甘口がスペシャリティなのか？　棚づくりで栽培されているのか？　晩熟型？　ミュスカデに似ていると思うんだけど、合ってる？」などなど興味津々です。

2013年3月の世界最優秀ソムリエコンクール東京大会でも、出場ソムリエをはじめ来日したプロたちは熱心に甲州をテイスティングしていました。世界において、日本ワイン＝甲州というイメージがあるのです。山梨は一時期、シャルドネやカベルネといった国際品種に傾倒していましたが、日本固有のブドウとして、あらためて甲州に注力していこうという動きも活発になっています。

甲州は赤紫色をしています。つまり純粋な白ブドウではありません。ヨーロッパにもこのように果皮に色を持ったブドウはあります。アルザスのピノ・グリ、ゲヴュルツトラミネールなどがそうです。こういったブドウを「グリ（灰色）」と呼びます。白（ブドウ）と黒の間で、グレーということです。

甲州のフレーヴァー——世界的にも注目される、稀有な個性

日本ワイン全般にいえることですが、甲州の香りは控えめです。日本人気質のようですね。

色も大変淡く、香りもどちらかといえばニュートラルな印象で、味わいも突出した味覚要素は特になく、コンパクトな広がりのボディ。これだけ聞くと、魅力があるようにはあまり思えませんよね。

甲州は実は白ブドウとしては特有の個性を持っています。それはフェノール類を豊富に含んでいるということです。フェノール類とは、つまり渋み成分です。ということは、甲州に突出した味覚要素がないというのは正しくはなく、むしろ白ワインとしては稀有な個性を持っていることになります。

では、なぜその個性は抑えられてしまっているのでしょうか？

それは、やはり日本人気質によるものなのかもしれません。強い個性を歓迎しない、抑えようとする、渋みをエグみと考える、という気質でしょうか。

甲州を使ってワインを造る時は、ハイパーオキシデーション[1]と呼ばれるプロセスをとることにより、酸素を発酵中のワインにたくさん取りこませます。フェノール類は酸素と結びつきやすいので、重なり合って、オリとなる。つまり甲州特有のフェノール類は除去されるのです。そして発酵後はタンクで嫌気的状態で保持され、瓶詰めされます。フレッシュさを保つためです。

こうして造られた甲州は、すっきり、さっぱりとした飲みやすい白ワインとなります。前述の通りの個性となるのです。「シュール・リー」と呼ばれる甲州ワインがそれにあたります。

ですが、国際市場から注目され始めると、造り手たちの甲州に対する認識は変わってきます。ブドウに含まれるフェノール類がもたらす個性を、ワインに反映させようという考え方です。すっきりと仕上げるのではなく、甲州特有の渋みを、むしろコクを与える成分と捉え、ワインにほどよく感じられるよう仕上げるタイプが見直されてきたのです。

フェノール類は「丁子《ちょうじ》（クローヴ）」のようなスパイスの香りを持ちます。そして赤紫色の果皮からは、ほんのり赤みを帯びたベージュ色がもたらされます。「グリ」という表記をするワインがそれにあたります。すっきりとした味わいに仕上げた甲州も魅力はあるのですが、私はこの「グリ」タイプの方が世界にアピールできますし、料理との可能性も広がると考えます。

以前は海外のソムリエから甲州について尋ねられても、「あまり個性は強くない」としか、答えられませんでした。私の理解が不足していたことも多分にあるのですが。しかし、今では「グリ系ブドウ品種で、丁子のような香りが特徴で、酸味はなめらかで、渋みを伴った苦みがコクを与えるワイン」と答えることができるようになりました。

山梨の造り手たちの努力が実り、甲州は2010年には、正式にワイン醸造用ブドウとして国際機関（ＯＩＶ）に認定されました。明確な個性を持った、日本が世界に誇るワインとなったのです。

Sommelier's Note 5

フェノール

Phenol

「赤ワインは体にいい」と、日本で一躍注目されるようになったのは、今から18年前です。フランス人は高カロリーの食事、喫煙をしながらも、動脈硬化などの心疾患による死亡者が少ないという、いわゆる「フレンチパラドックス」は、赤ワインに含まれるポリフェノールをヒーローへと変えました。

ポリフェノールとは、フェノール類――アントシアン（赤ワインの色素）、フラボノイド（白ワインの色素）、カテキン、タンニン（渋み成分）が重なりあった（重合した）状態の成分のことです。簡単にいえば、ワインの色と渋みの成分のことです。

このポリフェノールがコレステロールや中性脂肪など、動脈硬化や心疾患の原因を抑える、ということが解明、発表されました。動脈硬化は悪玉コレステロール（LDL）が酸化することによって引き起こされるのですが、ポリフェノールは酸素と結びつきやすいという特性を持つので、LDLの酸化が抑制されるのです。

消費者にとっては、「体によいお酒」というワインの特性は大変興味をひくもので、「赤ワインブーム」が起きました。その後、ポリフェノールの一種であるリスベラトロールは高血圧、乳がん・肺がん、脳機能の改善などに効果があることもわかりました。しかし、造り手たちが注目するのは、そこではありません。

ブドウの成熟の判断は、古くは「ブドウの花が咲いてから100日」でした。次に、それは糖度によって測られるようになりました。そして近年、造り手がより重視しているのが、「フェノールの成熟」です。フェノールの成熟は渋みだけでなく、香りにも関連する、より重要な判断基準であると考えられるようになったのです。

実際にフェノールの成熟度やフレーヴァーの生成は計測するのが困難なのですが、造り手たちは分析値を持ちつつ、畑を周り、実際にブドウを食べ、果皮や種子をよく噛むことにより、フェノールの具合を確認しています。果皮や種子にフェノールは含まれているからです。ブドウを噛むと、そこに含まれるフェノール、つまり渋みや香りを感じ取ることができます。感覚的にそれを覚えておき、フェノールがどのくらい成熟したかを測るわけです。

ブドウの成熟は、まず果粒が大きくなって糖分が上がることから始まり、フェノールの成熟、芳香成分の生成と続きます。ブドウの成熟がより進むことにより、フェノールの成熟を迎えることができるのです。本当によく成熟したブドウは「種まで熟す」といわれています。

フェノールがきちんと成熟したブドウから造られたワインは、芳香成分豊かで、緻密、複雑さがあり、渋みやコクをあたえる苦みも快適なものとなります。

世界の甲州

甲州は、クリアで爽やかさを出したシュール・リー・タイプ、木樽熟成をしたモダンスタイル、独自の苦み（フェノール）を取り込んだコクのあるグリ・タイプ、伝統的な甘口とがあります。

生産地は山梨に集中していますが、近年、ドイツのラインガウで甲州を用いたワインが造られ、話題となりました。

甲州がわかる10本

- 山梨 甲州——勝沼醸造
- 山梨 甲州——グレイスワイン（中央葡萄酒）
- 山梨 甲州——サントリー
- 山梨 甲州——シャトー・ルミエール
- 山梨 甲州——ダイヤモンド酒造
- 山梨 甲州——原茂《はらも》ワイン
- 山梨 甲州——マルス（本坊《ほんぼう》酒造）

●山梨 甲州――マンズワイン
●山梨 甲州――メルシャン
●山梨 甲州――ルバイヤート

甲州のサービス――冷やしすぎには要注意

他のワインと同様、味わいのスタイルによってサービスは変わってくるのですが、甲州のポイントとなるのは、酸味が穏やか（少ない）という点とフェノールからくる苦渋みです。甲州というと、軽いというイメージから、低めの温度でのサービスと思いがちですが、冷やしすぎは要注意です。低くとも8℃、10～12℃くらいが理想です。

温度が8℃以下だと味わい要素がすっきりしてしまうので、酸味以外は引き立ちづらくなります。もともと酸味が少ない甲州をよく冷やすと、全体の風味が少なく感じられてしまいます。また苦渋みのあるタイプだとイガイガした印象になってしまいます。甲州は「軽い白ワイン＝よく冷やす」が当てはまらないタイプなのです。

料理は、言うまでもなく日本料理は総じて合います。特にうどや筍《たけのこ》、とり貝などの貝をわかめと合わせた酢の物、茄子の煮びたしなど、「灰汁《あく》がある」とされる食材をシンプルに味つけしたものはいいですね。鮎《あゆ》やイワナなど川魚の塩焼きもよく合います。やはり苦みがポイントです。

木樽を使ったタイプとはいえ、大きなグラスは不要と考えています。甲州の穏やかな風味をそのままに感じてもらったほうがよいからです。無理に香りの強さをアピールする必要はありません。千利休のわびさびではありませんが、小さな器こそ、日本らしさが際立つとも思っています。

10年やっても10回しか成果が出ない、ワイン造り

ワインを理解していくのは、なかなか難しいものです。いや、「私は完全にワインを理解した」という人がいたら、その人こそ理解が足りないといってもよいくらい、完全に理解できるものではありません。ブドウの成熟、ヴィンテージ、発酵、熟成、テロワール……、あまりにも複雑で、方程式が成り立たないものばかりです。

そんな疑問を晴らすべく、造り手の人たちと話す機会では質問攻めにします。皆さん、とても丁寧に答えてくれます。産地に行き、造り手と話し、ワインをテイスティングする。このく

り返しがワインの理解を深めていく最善の方法だと思います。

ブルゴーニュ地方の、ある著名なワイナリーの醸造家と話した時のことです。その方の説明はとても明快かつロジカルで、いかにも醸造学者という印象を持ちました。そこでたくさんの質問をぶつけました。いろんな疑問の霧が晴れそうだ、そう思いつつ。しかし、返ってくるのは、「それは、その時の状況による」という答え。結局ほとんどの疑問は晴れず、「気難しい人もいるんだな」と嘆いたものです。

ところが、フランスでワインの仲介業をされている方と話した時のことです。その方は造り手との交流、信頼関係を大変たいせつにされているのがよくわかる、愛情あふれる話しぶりでした。

「石田さん、野球やってたの？　キャッチボールを10回やったら、野球はうまくなれる？」

もちろん答えはノーです。野球をやったことがない人でもわかることですね。話は続きます。

「野球を10年やっていたといえば違うよね。かなり熟練したということになるね」

その通り、10年やっていれば、勝つも負けるも経験するし、相当な経験を積むわけですから、技術的にもかなり高くなります。

「ワイン造りはね、10年やっても、10回しかブドウを収穫していない、つまり10回しかワインを造っていないんだ」

はっとしました。私たちの仕事は毎日なんらかの結果が出ています。お客様に喜んでいただいたり、お叱りを受けたり、販売が好調であったり、思わしくなかったり。そんな成果の連続から経験を積み、習熟し、理解を深めることができます。

しかし、ワインの造り手は10年で10回だけの成果。順調にブドウが成熟していても収穫してみないとわからない。よいブドウを収穫できたとしても、順調に発酵や熟成が進むかはわからない。断定的な話し方などできないのは当たり前です。

くだんのブルゴーニュの造り手が「それはその時の状況による」と答えていたことが、いかに賢明なことだったのか理解できたのでした。

山梨の造り手の方から、「まだ我々も試行錯誤の段階で、どうなるかはわからないんだよ。むしろ、これでよいのか一人でも多くの人に感想を聞きたいくらいなんだ」と言われたこともあります。

この畑にはどのブドウが合っているか、どんな仕立て法がよいのか、いつ収穫したらよいのか、どんな醸造をしたらよいのか、どれくらいの期間熟成させたらよいのか、経験していかないとわかり得ないことなのです。特に日本ワインが品質、つまり「よいワイン」を目指すようになってから30年ほど。未経験なことばかりということなのです。

我々飲み手側も、テイスティングしただけでわかったふりなどしてはいけないのですね。

「ヴィンテージ」に隠れた罠

ヴィンテージは、ワインの一番の特徴の一つですね。「今が飲み頃だ」「○○○○年は当たり年だ」など。

これほどまでに造られた年、つまりヴィンテージが取り沙汰されるお酒はワインぐらいしかないでしょう。それは、ワインが原料（ブドウ）の個性をそのまま表すという特徴を持っているからで、ブドウの出来栄《できば》え（成熟度合い）がワインの出来に大きく影響するからなのです。

つまり、天候（日照）に恵まれ、よく熟したブドウからは、色が濃く、香りと味わいが強いワインが生まれます。また、気温が低かったり、雨がちな年は、ブドウの成熟度は低いので、軽い仕上がりのワインとなります。これがもっとも一般的なヴィンテージの評価となっています。当然、評価の高いヴィンテージのワインは価格も上がります。また、熟成の可能性も高いといえます。

「偉大なヴィンテージ」

たしかに大袈裟な表現です。ジャーナリストや評論家などプロフェッショナルが、作柄（でき具合）を考慮しつつ、テイスティングして、このような評価を下します。アメリカの著名な評論家ロバート・パーカーは、さほど評判のよくなかったボルドーの1982年を高く評価して、後々それが認められるようになり、結果1982年は「伝説的なヴィンテージ」と評されました。それを見抜いたパーカーは時代の寵児《ちょうじ》となったのです。それほどまでにヴィンテージの評価は大きな影響を与えるのです。「偉大なヴィンテージ」は、フランス語らしい誇張した言い回しが生んだ、ワインのマジックともいえますね。

では、「いいヴィンテージ＝美味しい」なのでしょうか？　実はそうとはいえません。たしかに、ワインはそのヴィンテージによって評価が左右されます。事実、価格は大きく異なりますし、「アタリ・ハズレ」といった残酷なレッテルが貼られてしまうほどです。ヴィンテージはワインの特性ですし、面白さであることは間違いありませんが、ヴィンテージチャートや巷の評判を鵜呑みにしてはいけません。

7月も過ぎて、収穫日がみえてくると「今年の出来」についての情報がにぎやかに飛び交います。天候の状況や収穫量についての評価が一般的です。これは造り手によって状況は違います。好天でも過剰な収量ではよいワインはできませんし、悪天候でもたゆまぬ努力でよいブドウを育てる造り手もいるからです。

収穫後まもなく、生産者や委員会から発信される情報について、良識ある造り手や専門家は、「この時期の評価は尚早である」ことを知っています。この段階での状況が、瓶詰めのころには一変することがあるからです。

毎年春に、ボルドーでは専門家による新ヴィンテージ試飲会（プリムールと呼ばれます）が開かれ、評価が下されます。この評価により価格が高騰、下落するのです。しかし思いのほかよい熟成をしなかったり、数年後見事に化けて、素晴らしい味わいのワインとなることもあるのです。

また、ヴィンテージ評価は、まずそれがどのワインの評価なのかが大切です。ボルドーは秀逸年だが、ブルゴーニュはそうでもない、またブルゴーニュひとつとっても、赤はよいが白は難しい、という年もよくあるのです。秀逸年の特徴は、凝縮感があり、飲みごろ（真価を発揮する）までに時間がかかります。料理とも合わせにくい。そして価格が高い。

「難しいヴィンテージ」。ここまで述べてきたように、私はヴィンテージを「アタリ・ハズレ」で評価することにあまり意味はないと考えています。「ハズレ」と評されるものでも、「難しいヴィンテージ」と表現するのが一番ふさわしいと思います。

好天に恵まれ、ブドウが順調に成熟した年は、造り手はあまり苦労を強いられません。

天候不順であったり、病害虫に見舞われたりした年は、苦労を強いられます。言い換えれば、努力次第で良くもなり、悪くもなります。ですから、その意味でも「難しいヴィンテージ」です。事実、一般に評価の低いヴィンテージでありながら、素晴らしいワインを造り上げる造り手は数多くいるのですから。

また、そんなヴィンテージのワインの特徴は、我々消費者にとってよいことばかりともいえます。香りの開きが早く、味わいも柔らかいので、すぐに楽しめます。料理との汎用性は高い。そして価格がより低い。

20年、30年熟成したワインを楽しむという目的以外では、難しいヴィンテージを狙う方が賢いワイン選びであり、「美味しい」と感じられるワインに出会えるチャンスも多いのです。

1 ハイパーオキシデーション…仕込み段階で、ブドウジュースまたはモロミに酸素を供給し、ポリフェノール成分を酸化させることにより除去すること。このプロセスにより酒質が安定し、品種特性が薄まるので、甲州特有の香りを抑えることができる。

6 洗練

Cabernet Sauvignon

カベルネ・ソーヴィニヨン

「ワインの貴婦人」を生み出すブドウ

ボルドーのシャトー・ラフィット・ロッチルドの内部

◎シノニム

ビドゥール、ブルデオス・ティント

◎原産地

ローマ時代 ビトゥリカ（Biturica）と呼ばれていたブドウと同一と考えられる。原産は南仏とも、スペイン北部（エルブ河流域）とも、ボルドーともいわれている。

17世紀、南西フランスでカベルネ・フランとソーヴィニヨン・ブランの自然交配で生まれたという発表もある。

◎主な栽培地域

フランス（ボルドー、南西部、ロワール地方アンジュ地区、ラングドック、プロヴァンス）、ブルガリア、ルーマニア、チリ、カリフォルニア、オーストラリア

◎特徴

小粒で、黒みを帯びた、厚く、硬い果皮。果肉もしっかりしている。

砂利質など水分の少ない土壌を好み、乾燥に強い。

樹勢が強く、収量が多いと品質は著しく下がる。

なぜカベルネは「ワインの女王」と呼ばれるのか

渋みの強いワインを生むブドウ品種の筆頭に挙げられるのが、カベルネ・ソーヴィニヨンです。「渋みの強い（フェノール類が豊富）ワインが体によい」と脚光を浴びずとも、カベルネ・ソーヴィニヨンの重要なファクターはその豊富なフェノール類となります。

まず色が大変濃い。総じて、黒みを帯びた色調をしていて、ガーネットと表現されます。その深みのある濃い色合いからうかがえる通り、香りも濃縮感があり、スパイシーです。味わいは酸味を基調としたストレートな広がりで、中盤以降から、そのがっしりとした渋みが口の中を支配します。

これだけ聞くと、「なぜ〝女王〟とか〝女性的〟と呼ばれるのか？」と疑問に思ってしまいます。カベルネ・ソーヴィニヨンはフランス・ボルドーの主要品種のひとつですが、伝統的に、ボルドーが女性的、ブルゴーニュが男性的といわれています。たしかに逆のような気がします。

しかしそこに「熟成したボルドーは」という言葉が必要なのです。ボルドーは、イギリスにより発展した[1]ワインです。イギリスは熟成したワインを好みますので、「ボルドーは10年以上寝かせてから飲むべし」が格言となっていました。

カベルネ・ソーヴィニヨンに含まれる豊富なタンニンは、若いうちはイガイガとしていて、香りを閉じこもらせ、ワインの味わいに硬さを与えます。しかし、同時にそれは熟成の進行にブレーキをかける役割を持ちます。つまり熟成が極めてゆっくりと進むのです。イガイガした渋みは、ゆっくりと進んだ熟成により、バランスのよい味わいと緻密な渋みとなっていきます。

十分な熟成を経たボルドーのカベルネ・ソーヴィニヨンは、類稀な上品さと味わいのバランスのよさを身につけ、極めて緻密な渋みはヴィロードやシルクを彷彿とさせる触感となります。これが、ボルドーが「貴婦人のような」といわれる所以です。

またコンティ王子とロマネの特級畑争奪戦[2]に敗れたポンパドール夫人が、その腹いせにボルドーのシャトー・ラフィット・ロッチルドをヴェルサイユ御用達にしたというエピソードも、「ボルドー＝貴婦人」の認知を手伝っていることでしょう。

カベルネのフレーヴァー――日本の気候にもぴったりの、「メントール」

カベルネ・ソーヴィニヨンの典型的な特徴は「ヴェジェタル（植物的）」と理解されていました。ソーヴィニヨン・ブランと同じですね。そして「エルバッセ（ハーブのような）」は、カベルネ・ソーヴィニヨンが未熟であると判断する場合に用いる表現でした。

しかし成熟について理解が進んだ昨今、加えて地球温暖化も手伝って、これらの表現が使われることはなくなり、代わって「メントール」という表現へと進化しました。

個人的な評価ではありますが、このメントールの香りが程よく感じられるカベルネ・ソーヴィニヨンは好きです。なぜなら、日本のような蒸し暑い気候は赤ワインを楽しむのに向いていませんが、そんな気候のもとで、爽快感を与えてくれるフレーヴァーとなるからです。後味に感じられるメントールフレーヴァーを伴う渋みの心地よさがとてもよいと思うのです。

フルーツでいえばカシスの香りです。ブドウの成熟度により、ラズベリーやブルーベリーの香りにもなるのですが、カベルネ・ソーヴィニヨンらしい香りはカシスになると理解しています。カシスの香りがすると、「カベルネ・ソーヴィニヨンかも」と思ってしまうほどです。

Sommelier's Note 6

テイスティングコメント

Tasting comment

テイスティングでは、赤ワインを必ず赤い果実＝ベリーフルーツの香りで表現します。これをセミナーなどで話すと、「カシスやブラックベリーなんて、そのものを嗅ぐ機会がないのでわかりません」と、そんな嘆きをよく耳にします。

それはソムリエも同じです。テイスティングのセオリーはフランス人によって確立されました。表現用語は、当然彼らにとって身近なものが用いられます。日本人の我々にとって見たことも嗅いだこともないものがあるのは当然です。

しかし、ここで大切なのは、自分の知っているモノで表現することではなく、広く認識されている表現、つまりあくまでフランス人のセオリーに則って、表現することです。医療用語がドイツ語なのと同じことです。

感性の鋭い人は、ご自身の経験からオリジナリティのある表現をします。たとえば、「蕎《そ》麦《ば》の花の蜜」と言った人がいるとします。そのこと自体は問題ありません。しかし、ワインのテイスティングは分析のために行うものであり、表現ごっこではありません。蕎麦の蜂蜜とクローバーの蜂蜜とでは、ブドウ品種の個性、醸造や産地、熟成による個性などにおいて、どう違ってくるのかを明確に説明できなければ、その表現が持つ意味は個人的なものにしかならないのです。

そう、あらゆる表現には理由がなくてはな

らないのです。ここでは赤ワインの表現においてもっとも大切な「赤い果実」の香りが表す意味について説明したいと思います。

・スグリ――味わいは軽く、酸味が主体のフルーツです。ワインはフレッシュで、若々しく、軽いタイプを示します。
・ラズベリー――味わいはより強くなり、酸味も強いです。若々しいワインですが、より濃縮感があります。
・ブルーベリー――実もしっかりと「カリッ」とした噛みごたえがあります。酸味と甘みのバランスがとれた味わいとなります。
・カシス――甘さを連想させる香りがはっきりと感じられます。酸味もありますが、甘みや豊かさのあるワインです。
・ブラックベリー――凝縮感がとても強そうです。成熟度の高さが際立ちます。
・ブラックチェリー――酸味よりも、甘みと渋みが前面に出ています。

こういった具合に、ブドウの成熟度により、スグリからブラックチェリーへと変換していきます。つまり、何の香りがするかと捉えること以上に大切なのは、香りの変換をスケール（物差し）と考え、成熟度合いを推測するためにベリーフルーツにたとえることです。乱暴な言い方をすれば、カシスの香りを知らなくても、ブドウの成熟度を「中間より上」と感じたのであれば、カシスといえばよい、ということなのです。

テイスティングは主観と客観、感性と論理性をバランスよく使うことで、より習熟したコメントができるようになりますが、ベースは客観性や論理性の方が大切なのです。「テイスティングは脳で行う」といわれる所以です。

世界のカベルネ・ソーヴィニヨン

シャルドネと同じく、カベルネ・ソーヴィニヨンはヴァラエタルワインの筆頭であり、世界中のワイン産地で栽培されています。そして、いかにも「赤ワインらしい」フレーヴァーのワインを造り出すことができるので、特に温暖なエリアでは広く好まれているのです。

フランスでは、地中海エリアから南西部まで栽培されています。カリフォルニアのカベルネ・ソーヴィニヨンは本家ボルドーを負かしてしまった実績を持ち、数多くの高級ワインを生み出しています。オーストラリアでも、大変バランスの優れた味わいのワインを造ります。健康ブームの牽引役を務めたチリには、ボルドーから多くの著名なシャトーやコンサルタントが進出しています。

カベルネ・ソーヴィニヨンがわかる10本

- ポイヤック――シャトー・ラトゥール
- サン・ジュリアン――シャトー・ランゴア・バルトン
- マルゴー――シャトー・フェリエール
- ラングドック――ドーマス・ガサック

- エクサン・プロヴァンス――ボープレ
- トスカーナ（イタリア）――カルピネート
- ナパ・ヴァレー（アメリカ）――ベリンジャー
- クナワラ（オーストラリア）――ウィンズ
- ウエスト・ケープ（南アフリカ）――ルパート&ロートシルト
- コルチャグア（チリ）――ロスバスコス

カベルネ・ソーヴィニヨンのサービス――飲む時の必須事項とは

前述の通り、カベルネ・ソーヴィニヨンはその豊富なタンニンが特徴であり、若いうちは香りが閉じやすく、味わいも硬い印象になります。つまり、空気に十分に触れさせて、香りを開かせ、渋みをなめらかな印象にすることがポイントになります。

特にボルドーのワインはデカンタージュが必須です。シャルドネの章でも触れましたが、デカンタージュをするか否かは、人それぞれの考え方や好みによる部分も大きく、すれば必ずよくなると考えるのは早計です。

しかしある程度ポテンシャルの高いボルドー（小売り価格3000円以上）についてはその限りではなく、デカンタージュをしてこそ、その真価は発揮されるといっても過言ではありません。その理由としては、酸素を取り込むことにより、香りに深みが増し、ボルドーの持つ味わいの真骨頂であるバランスのよさが際立つから、というものが一番もっともらしいのですが、個人的には「デカンタージュをするのがボルドーの伝統だから」という、単純なものがもっとも深い理由だと思っています。

クリスタル製のデカンターが発明されたのは18世紀初頭のイギリスです。イギリスと所縁《ゆかり》の深いボルドー（12～15世紀にはイギリス領でした）にその美しい容器が紹介されたのは容易に想像がつきます。そして20世紀、ボルドー大学醸造学の権威、エミール・ペイノー教授が、デカンタージュによる空気接触がワインの風味に大変よい影響を与えることを発表しています。歴史的、文化的、科学的にも、「ボルドーワインはデカンタージュしてサービスする」は確立されていると考えることができるのです。

また「ダブル・デカンタージュ」といい、デカンタージュしたワインを元のボトルにさらに移し替えるという手法もボルドーでは伝統的に行われています。これはサービス前に十分な時間がある場合に有効な方法で、ボトルに戻すことにより、ワイン中にはたっぷりと酸素を取り込ませつつ、それ以上の空気接触を緩やかに行う（ボトル内は表面積が小さいので空気接触はほとんど進みません）という非常に合理的なサービスです。

すこし、ボルドーについての話が長くなってしまいましたが、いずれにせよ、カベルネ・ソーヴィニヨンは空気接触を効果的に行うことにより、その悦びは倍増するのです。

グラスについては、ボルドー型と認知されているスリムなフォルムのグラス（チューリップ型）が適しています。バランスのよさを引き立たせるためです。

ボルドー型というと大ぶりなサイズを指すことが多く、若く、強いヴィンテージのものや、カリフォルニア、オーストラリアなどのボディの豊かなワインには最適です。ただ、十分な熟成を遂げたワインを、2～3時間前にデカンタージュし、大きすぎないサイズのチューリップ型グラスでサーブしてこそ、「ワインの貴婦人」と評されるカベルネ・ソーヴィニヨンの真髄を堪能していただける理想的なサービスだと考えています。

私がここまでデカンタージュを勧めるにいたった、あるエピソードがあります。以前勤めていた「ベージュ アラン・デュカス東京」は、シャネルがオーナー会社でした。開業して間もないころ、シャネルのオーナー御一行のディナー予約が入った時のこと。当日の15時ごろ、シャネル日本の社長（つまり我々の社長）から電話が入り、「シャトー・ローザン・セグラ1983を今すぐデカンタージュしておくように！」と指示を受けたのです。シャトー・ローザン・セグラは、カベルネ主体のボルドーワインです。「はあ？」と思いましたが、オーナー会社のオーナーの言いつけですから、やらないわけにはいきません。来店が18時ですから6時間も前のデカンタージュです。

19時ごろ、サービスする直前にテイスティングしてみたら、なんともいえず緻密で、ふくよかな、心地よい味わい。フィネス、エレガンスとはまさにこのことと言わんばかりの状態になっていたのです。デカンタージュがいかに大事かを、強く実感した出来事でした。

飲むべきか、飲まざるべきか、「ブショネ」のあるワイン

ブショネ[3]を判別する能力はソムリエにとってとても大切です。お客様に「ここで飲むワインはいつも美味しい」と思っていただけなければ、ソムリエはその存在を許されません。なので、ワインをサービスする前には必ずテイスティングを自ら行います。ブショネがあると判断したら、そのワインをお客様にお出しすることはできません。しかし、いつも即断即決というわけにはいかないことも……。

まだソムリエとして経験をそれほど積んでいないころの話です。

シャトー・ラフィット・ロッチルド 1982[4]の注文を受けた上司は、私に抜栓《ばっせん》とデカンタージュを命じました。「これは?」と不審に思った私は上司に「ブショネだと思います。別

のボトルを開けましょうか?」と尋ねました。その上司は私の言葉に首をかしげながら、「問題ない」と言うのです。

「ブショネですよ! 出すんですか?」と食い下がりましたが、上司の言うことを聞き入れるしかなく、デカンタージュをして、しばらく時間を置きました。私の勘違いということもある、時間とともに香りが豊かになればお出ししてもよいのかもしれない、と一人葛藤しつつ、本当はやってはいけないのですが、こっそり再度ワインをグラスにとり、香りをかぎました。やはり気になる。「絶対ブショネですよ」と、しつこく詰め寄りましたが、結局上司の判断は変わりませんでした。

ドキドキしながら、お客様にお試しいただくと、「結構です」と。不信と安堵の気持ちをモヤモヤさせつつ、サービスを続けました。そのお客様がお帰りになるころ、上司は「石田、ラフィットのラベルを剝《は》がして。美味しかったから、ラベルをお持ち帰りになるってよ」と勝ち誇った表情で私に告げました。

もちろん悔しかったのですが、こうも考えました。

「ブショネなので交換します」と言って、お客様が感心してくれるとは限りません。「いいから早く注いでよ」と思われる方もいらっしゃるはずです。また交換ということは、そのワインはロスとなります。ましてやラフィットですから、レストランが受ける損害は小さくはありません。そして、結局お客様はディナーを楽しまれたわけです。そのサービスにおいて、反省すべき点は、押し問答をしたことや私の意固地によって、サービスが遅れたことだったのです。

もうひとつ、パリで研修したときのことをお話しします。

そのころいた店は、さすがパリの名店だけあり、お客様で毎日満席でした。超高級店というわけではなかったので、時には私もサービスをする機会に恵まれました。

あるランチタイムのこと。銘柄は覚えていませんが、ボルドーの赤ワインをデカンタージュしてサービスすると、お客様から「これブショネじゃないかな？　君、テイスティングしてくれた？　どう思う？」と聞かれました。とっさに「大丈夫では」と返事をすると、「ＯＫ」とそのままお出しすることになりました。

しばらくすると、シェフソムリエが、テーブルを回り、挨拶を始めました。そのお客様のもとに行くと、彼はワインを差し出し、再度質問をしています。やはり納得していなかったのです。シェフソムリエはすぐに別のボトルを開けるように指示を出しました。その指示を受けたソムリエは私に、「君、テイスティングしたのか？　これはブショネだよ！」と、私の前でデカンタージュをして、急いでサービスをしました。

しかし、新しく開けた方のボトルをテイスティングしてみると、前のものと状態に違いはありません。私は「これはブショネじゃない」と思いました。

それでも、シェフソムリエは躊躇なく交換を指示したのです。そしてサービスされなかったボトルは、ディナーでグラスワインとしてサービスされました。

この2つの出来事で私はブショネの対応について学びました。明らかなブショネはソムリエの責任としてお出しすべきではありません。しかし、それが微妙な場合、考えるべきはブショネかどうかではなく、どのようなシチュエーションで、どのようなお客様なのかといった状況であり、それも大切な判断要素だということです。

パリ「ミッシェル・ロスタン」での研修時代（1997）

香りの誘惑

　テイスティングというと、一番注目されるのは「香り」だと思います。「これは何の香りというんですか?」と、ワインを学ぶ方からも、学ぶつもりがない方からもよく質問されます。テイスティングをする際に、グラスを手に取るとすぐに香りをかぐ、また香りをかぐのに時間をかけている方が多いと思います。

　香りの表現には、私たち日本人にとって非日常的なものが多いので、よけいに興味をかきたてられるのでしょう。日本人はもともと香りには敏感ですよね。

　たしかに香りは重要です。「テイスティングの80%は香りで決まる」と言うオーソリティもいらっしゃるほどです。たしかに味覚要素は5つしかないのに対して、香りは数限りなくあるわけですから、ワインの多様性は香りが作っているといえます。そして熟成により、大きく様変わりするのもやはり香りですから、「ワインは香りを味わうもの」なのかもしれません。

　しかし、私はテイスティングの際、香りに頼りすぎないように注意をしています。たしかにワインは外観と香りから多くのことがわかります。外観からは、ブドウの成熟度やワインの熟成段階、アルコールのヴォリュームが見てとれますし、香りからは、ブドウ品種の個性、醸造や熟成の方法、そしてその土地ならではの個性が判断できます。

でも、それはあくまで推測でしかありません。また、現在、栽培・醸造技術はとても発達していて、色を濃くすることも、輝きを強くすることも、フルーツの香りを強くすることも、スパイスの香りを付けることも可能なのです。

こうした技術を駆使したワインは大変わかりやすく、ゴージャスな感じがします。ウケがよく、わかりやすさがありますから、飲み手を魅了することもできます。ブラインドテイスティングなどでもこの手のワインは高い評価を受けます。

同時にモード（流行り）にも対応できます。凝縮感のあるフルーツの香りがモードな時もあれば、木樽からのローストフレーヴァーがウケる時期もあります。ファッションと同じでワインも、モードに応じていけるものなのです。

しかし、ワインの本質は、ブドウがどのような環境で育ち、成熟し、成長（熟成）したかにより、身に付けられたものです。これはもちろん香りに表れますが、味わい、特に余韻には顕著に表れるのです。

外観と香りを注意深く観察して、ワインを口に運びます。技術で化粧、矯正したワインはインパクトがあります。芳醇でゴージャスです。しかし、口の奥、舌の奥に残る味わい、つまり余韻にその本性が現れます。やたらと苦かったり、口の中が渇くような感覚になったり、なにも風味が残らなかったり、いわば空虚なのです。

味わいの余韻に表れる特徴こそ、取り繕いようのない、ワインの本質です。余韻をきちんとみるために45秒かけなさいと聞いたことがあります。たしかにそれくらい時間をかけて、じっくりみるべきかもしれないですね。

1 イギリスとボルドー…ボルドー地方を含むフランス南西部はアキテーヌと呼ばれ、昔はアキテーヌ公国として存在していた。その公爵夫人がのちの英国王と結婚したことにより、アキテーヌは英国領の時代があった（1152〜1453年）。

2 コンティ王子とポンパドゥール夫人…18世紀半ば、ブルゴーニュ地方ヴォーヌ村の由緒ある畑をめぐって壮絶な争いがおきた。一方は、競売にかけられた銘酒を産む畑をどうしても手に入れたい、国王の愛人ポンパドゥール夫人。もう一方は、愛人ながら国王ルイ15世を思うがままに操る夫人を快く思わない、王の腹心コンティ王子。結果はコンティ王子に軍配が上がり、その畑は「ロマネ・コンティ」と名づけられた。

3 ブショネ（Bouchonné-Corked）…コルク臭。原材料のコルクに残存する塩素系物質（通称TCA）が原因となり、ワインの風味に悪影響を及ぼす。湿ったダンボール、カルキのような香りがつき、果実味などがピュアに感じられず、味わいにもザラつきが出てしまう。ブショネのあるワインは欠陥とみなされる。

4 シャトー・ラフィット・ロッチルド 1982…大財閥ロスチャイルド家所有という、由緒あるシャトー。ボルドー特級格付のなかでも別格の五大シャトーのひとつ。赤ワインの貴婦人と称されるボルドーにあって、「貴婦人の中の貴婦人」ともいえる、エレガンスを極めたワインとして愛好家垂涎の的である。1982年は世紀のヴィンテージとして、評価、価格ともに天井知らず。

7

メルロー

Merlot

馥《ふく》郁《いく》

「果実味豊かな」は
メルローにこそ
用いられるべき賞賛

ボルドー近郊、サンテミリオンの風景

◎シノニム

プティ・メルル、ヴィトレイユ、ビニェイ

＊Merle（ツグミ）が、ブドウが熟すころについばみに畑にやってくることから、その名がついたとされる。

◎原産地

ボルドー。1789年パリの記録で、ビニェイという名前が記されている。その後19世紀にイタリアへと広まった。

◎主な栽培地域

フランス（ボルドー）、イタリア（ヴェネト、フリウリ）、スイス、ブルガリア、ルーマニア、カリフォルニア、チリ、日本

◎特徴

房、粒ともに大きさは中位、ジューシーで、果皮が薄い。粘土質など水分、栄養分のある土壌に向き、湿度にも耐性を持つ。成熟は早く、収量は多い。糖分がよく上がり、酸味が減少しやすい。

醸造家が磨き上げた品種、メルロー

メルローはもともと、カベルネ・ソーヴィニヨンの補助品種としてブレンドされてきました。カベルネ・ソーヴィニヨンの渋みや硬さを和らげる効果があるのです。また晩熟型のカベルネ・ソーヴィニヨンは秋の雨にうたれて、収穫にばらつきがあるのに対して、メルローは早熟なので雨の前に収穫することができる、つまり安定して収穫できるのです。

ボルドー地方メドックの特級シャトーは、カベルネ・ソーヴィニヨンの栽培を主体としているのですが、作柄（でき具合）によりメルローを多めにブレンドして、味わいのバランスをとっています。肉づきを補うのが役割ですね。これは今でも変わっていないことではあるのですが、近年、その存在価値は大きく進化してきました。

メルローはメドックの対岸にあるリブルネ地区（右岸エリアともいわれます）では主要品種となりますが、メドックの歴史ある豪華なシャトーで造られるエレガントな赤ワインに比べると、やや地味なイメージがあったことは否めません。もちろんメドック特級シャトーに勝るとも劣らない品質のワインも古くから存在していますが、規模においてはかないません。しかし、このイメージをくつがえし、メルローの地位向上に大きく貢献した一人の人物がいました。

ミッシェル・ロラン。フライング・ワインメーカー[1]と称される、ボルドーのみならず世界に多大な影響を与えた、醸造コンサルタントです。別名ミスター・メルロー。現代のメルローを語るにおいて、彼の存在を無視することはできません。彼以前にもコンサルタントとして名を馳せた醸造家はいますが、メルローのイメージを大きく飛躍させたという点で特筆すべき人物です。

彼は、それまで伝統に則った自然任せなワイン造りを行ってきたリブルネ地区において、新しい醸造技術を次々に導入して、この地のワインを一変させてしまいました。彼の手によるワインは、色が濃く、濃縮感のある果実味、ヴォリュームのあるボディを備えます。またできたてでも香りがはっきりと強いのが特徴です。

毎年春に行われるプリムール（新酒）テイスティングでは、彼のワインに高い評価が集中します。できたてはまだ香りが閉じこもっているメドックのワインよりも、プロたちの目を引くわけです。

彼へのコンサルティング依頼は殺到し、ボルドーだけでも50ものワイナリーを手がけることとなりました。そしてボルドーにとどまらず現在では世界で150以上ものワイナリーと契約しているといいます。世界的な音楽プロデューサーと同じですね。映画『モンドヴィーノ』[2]でも、その超多忙ぶりが紹介されて話題になりました。

そんな彼がフォーカスするのがメルローですから、世界中に彼の手によるゴージャスでグラマラスなメルローが広まったわけです。

ここまで成功すれば、賛否両論がつきまとうのは当然のことです。

「彼のワインにはテロワールがない」

たしかにコンサルティングをする150か所のテロワールを理解して、それを表現するなどできるはずがなく、また技術を駆使したワイン造りが彼の身上のようなものですから、どこで造っても同じような味のワインができ上がるのは自然なことでしょう。

私は、その点が批判されるのはすこし違うように思っています。彼はワイナリーの責任者となってワイン造りをしているわけではなく、あくまでコンサルタントとして働いているわけですから、テロワールをそこに映し出すのは地元の人間、ワイナリーの責任者の仕事なのです。彼のコンサルティングを受けた後、自らの手で著しい品質向上を遂げたワイナリーも出てきています。

いずれにせよ、メルローは醸造家の手腕によって、グローバルな品種へと発展したのです。

果実、鉄、黒トリュフ——メルローのフレーヴァー

もともとメルローは濃縮感のある果実味が一番の特徴になります。私はブルーベリーをメルローらしい香りとして認識しています。ブドウの成熟度や醸造技術による濃縮などにより違う部分もあるのですが、メルローはカシスというよりはブルーベリーの香りになるものが多いのです。これについては私個人の意見として捉えていただければと思います。「そんなことはない」というご意見も多いはずですが、なぜ私がそう認知しているのかは、後ほどお話しします。

そして、その芳醇な果実味は口中でも豊かに広がります。よく「果実味豊かなワイン」という表現が使われます。中にはすべてのワインのコメントで、「果実味は」と加える人もいます。私はすべてのワインに用いることはありません。むしろ、たまにしか使わないといってもよいくらいです。そして使うのは、メルローによるワインをテイスティングした時です。

「クロッカンな（Croquant）」も、個人的に気に入っている表現です。「カリッとした、歯ごたえのある」といった意味合いです。「クロッカンなブルーベリー」という言い方になります。

赤ワインの果実香はベリーフルーツで表現されますが、その状態については［熟した↓潰れた↓コンポート↓ジャャム］と段階活用されます。「クロッカン」は、段階でいうと熟した状態

を指し、かじるとカリッとするくらい果肉が引き締まって、ハリのある状態です。メルローがよい状態で成熟し、現代的な洗練された醸造技術により造られると、この「クロッカンな」を用いるのです。ピンとこない方もいるかもしれませんが、私にはストンと落ちたというか、しっくりきています。

他にメルローによく感じられるのは鉄分っぽさです。血液や生肉、鉄そのものということもあります。生産地によって強弱は異なりますが、メルロー独自の香りとしてよいでしょう。この鉄分の香りは「ミネラル」の部類に入り、土っぽさにも共通します。

この香りがもっともはっきりと感じられる産地が、ボルドー・リブルネ地区のポムロール[3]です。若いうちには特に顕著に感じられ、熟成により土っぽい香りとなり、最終的には黒トリュフの香りへと発展していきます。メルローの究極の香りともいえますね。

Sommelier's Note 7

赤ワインの醸造技術

Technology of red wine

赤ワインの醸造と白ワインとの決定的な違いは、果皮、種子、果肉、時に果梗《かこう》（茎など）とともに発酵を行うことで、いかに成分を抽出するかに醸造家は心を砕きます。その方法を、いくつかご紹介しましょう。

◎マセラシオン（漬け込み）

ワインとなる液体に果皮や果肉、種子を漬け込むことで色、香り、味わいの成分を抽出させることです。発酵終了後も1～2週間、漬け込んだ状態にしておくことをマセラシオンといいます。

発酵前にこのマセラシオンを行うこともあります。「プレ・フェルモンテール（発酵前の意）」といい、軽く潰したブドウと流れ出た果汁を低温で保持します（酸化防止剤が添加されます）。この過程により、色が濃く、果実味も強くなります。

これは主にブルゴーニュ地方を中心に、ピノ・ノワールに有効な手段です。

◎濃縮

雨が多かった年など、ブドウの成分が薄まっている場合に行われます。逆浸透膜濃縮、減圧濃縮などにより、水分のみを除去する方法や、「セニエ」といって醪《もろみ》の状態から液体を引き抜いて、固形分（果皮、果肉、種子など）の比率を高めることにより、エキス分を濃縮させる方法があります。

◎ミクロビュラージュ（ミクロ酸素）

ミクロの泡を発酵中もしくは熟成中のワインに送り込むことにより、酸素を供給する技術です。これにより、際立った香りの生成が進みます。また、タンニンによる収斂《しゅうれん》性が和らぎますので、できたての状態でも香りが豊かに広がり、味わいもやわらかな印象になります。

◎熟成

新樽での熟成により、ロースト香およびスパイス香がワインにつくのですが、樽内のワインを攪拌することにより、オリとなり沈澱しているフェノール類をさらに取り込む工夫が進んでいます。

スティックで攪拌するのが伝統的手法ですが、樽をオートマティックに回転させる設備の開発など日々進化しています。

このようにブドウの成熟への研究に加え、さまざまな技術により、成分の抽出に努力が払われているのです。反面、昔ながらの醸造へ回帰していこうという造り手もいます。

世界のメルロー

世界的な造り手の技術により昇華されたメルロー。世界各地で栽培面積は確実に広まっています。

ボルドーでは、右岸とよばれるリブルネ地区（サンテミリオン、ポムロール）が中心ですが、対岸のメドック、グラーヴ地区でもメルローの比率は高まりました。これは「わかりやすさ、飲みやすさ」が理由であるといえるでしょう。

カリフォルニアでも本家ボルドーを凌ぐようなメルローが生まれています。そして我が日本でも長野県のメルローは傑出しています。世界的に知名度を確立したともいえる、「桔《き》梗《きょう》ケ《が》原《はら》」をはじめ、塩尻《しおじり》などで国際水準のワインが産出されています。

メルローがわかる10本

● ボルドー――ユベール・ドゥ・ブアール
● ボルドー・コート・ドゥ・フラン――シャトー・ル・ピュイ
● サンテミリオン――シャトー・トロロン・モンド
● ポムロール――シャトー・ル・ボン・パストゥール

●フリウリ（イタリア）――ブラソン
●ナパ・ヴァレー（アメリカ）――シェファー
●長野 桔梗ヶ原――メルシャン
●長野 小布施――小布施ワイナリー
●長野 塩尻――林農園
●長野 塩尻――井筒ワイン

メルローのサービス――肉食系にぴったりの１本

メルローをサービスする時のポイントは、その濃縮感のある果実味とふくよかなボディをいかに際立たせるかになります。

還元的なもの（酸素不足のもの）を除いては、カベルネ・ソーヴィニヨンほど空気接触を必要としません。デカンタージュをすると果実香のトーンが下がりますので、無条件にするということはありません。しないで済むのなら、それがベストのサービスだと考えています。まあこればかりはワインの個性や状態などにより変わってきますので、なんともいえませんが、基本的にはあれこれいじくらないでサービスする方がよいのではと感じます。

グラスは、ふくよかなボディに合わせるには円みのあるバルーン型といきたいところですが、これもタイプによります。いわゆるブルゴーニュ型といわれる丸いフォルムは、ボディがたるんだ感じになるので避け、ほどよくふくらんでいるチューリップ型が理想です。

昨今、赤ワインを魚料理に合わせることもめずらしくはなくなってきました。ワインのスタイルが洗練されてきたからでしょう。また品数の多いコースメニューが一般的になり、メインディッシュ以外は野菜か魚介料理になるわけですから、「肉には赤」にこだわっていると、食事中白ワインばかり飲むことになってしまいます。以前は、前菜とメインディッシュの2皿構成だったので、白赤バランスよく飲めたのですが、ソムリエとしては、肉料理以外にも赤ワインを提案していく必要に迫られたわけです。

とはいえ、メルローだけは肉料理のほうが圧倒的によく合うと思います。やはりワインが持つ肉厚感には、日本の魚では打ち負かされてしまいます。ソムリエとしては、料理に勝ってしまうワインをお勧めすることはできません。

肉料理を楽しむならメルローともいえます。牛フィレ肉、鴨《かも》、鳩《はと》、鹿、猪など赤身肉全般、内臓系にもいいですね。またジビエのシーズンには大活躍します。カベルネ・ソーヴィニヨンが渋みで肉の味わいを引き立てつつ、リフレッシュさせてくれるのに対し、メルローは肉のヴォリュームをさらに膨らませる、いわば「肉食系」の方のための1本というか、食欲旺盛な、食いしん坊のためのワインです。

メルローを「基準」に学ぶ

まだ若いころは、ソムリエを目指し猛勉強をしようにも、レストランでワインを取り扱うにはほど遠い立場で、テイスティングの機会がとにかくありませんでした。一人暮らしをしていたので、やっとワインを買っても2～3日は同じワインをテイスティングするしかない。これでは上達は望めない、そんな葛藤を抱えながら日々過ごしていました。

そんなころ、サントリーが「ワインカフェ」という商品の販売を始めました。ブドウ品種名が入ったワインで、500ミリリットル入り一瓶500円でした。カベルネ、メルロー、サンジョヴェーゼ、シャルドネ、リースリング、ソーヴィニヨン・ブランの6種。仕事終わりのビールの代わりだと思えば毎日1種飲めます。まだブドウ品種の個性を掴みきれていなかったので（現在でも掴みきったとはいえませんが）、とてもよいトレーニングになりました。

あの当時、ワインカフェで勉強した人は多かったのではないかと思います。ピンときたような、こないような、「まあ、飲んでればなんとかなる。英語だって、ある日突然ペラペラになるわけじゃない」なんて、自分に言いきかせながらテイスティングしていました。

メルローの順番が回ってきたある日、『これは⁉』と気がつきました。「メルローは果実香が濃縮している」というのがピーンときたのです。そして、「ブルーベリーだ！」とはっきりと感じられたのです。

すべてのメルローでブルーベリーの香りがするわけでもありませんし、カベルネ・ソーヴィニヨンやピノ・ノワールでもブルーベリーの香りがするものもあります。そもそも、私がブルーベリーだと感じただけで、他の人にとってはブルーベリーとは感じられないかもしれません。しかし、赤ワインのある香りをブルーベリーだとはっきりと感じられたことが、私にとって大切なのです。赤ワインの果実香の「基準」をブルーベリーにおいて、それよりも軽く、酸味を連想させるものであれば、ラズベリーやスグリ、それよりも強く、甘みや苦みを連想させるものであれば、カシスやブラックベリーだというように判断をつけやすくなります。

メルローの果実より軽い傾向となるのはピノ・ノワール、強い傾向になるのがカベルネ・ソーヴィニヨンというふうに判断するようになり、迷ったり、ブレてきたりしたときには、メルローをテイスティングして、基準を戻す。そんなことをくり返していました。

それが正しかったかどうか、皆さんにおすすめできるかどうかはわかりませんが、メルローの果実香が、私のテイスティングのひとつの基準を作ってくれたことは紛れもない事実です。

ワインと価格の関係

ワインは大変価格に正直なアイテムです。一部の稀少ワインを除くと、その品質や味わいなどのヴァリューは、ほぼその価格と比例しています。

テレビ番組で、ワイン好きの芸能人がブラインドで試飲して、どちらが高いかを当てるというコーナーがたまにありますが、なかなか当てることができないのをご存じだと思います。それは、テレビ番組収録という緊張感とそういった場で試飲をするのに不慣れであるということ、何よりコンディションの微妙な（その真価を発揮できていない）アイテムを出すことにより、わかりづらくさせているからだと思います。おそらくディレクターは「わかりづらいものを」と探し回っていることでしょう。

言いたいのは、ワインは価格を裏切ることはあまりないということです。ここではその価格帯による、個性の違いについてお話ししたいと思います。

その価格が高いか安いかは、個人の認識により違います。5000円のワインを安いと思う人もいれば、2000円のものを高いと思う人もいるでしょう。ここでは、一般的な尺度ということで、価格帯を分けたいと思います。

◎低価格帯

小売り価格で2000円以下のワインです。業務向け、一般向けともに酒販店などでももっともよく動いている価格帯です。

この価格帯のものは、主に原料となるブドウ品種の個性を楽しむことができ、果実味が豊かで、やわらかい味わいのものが多いです。一番の特徴は当たり外れが大きいことです。それは価格が下がるほど、大きくなります。

特に有名銘柄であるにもかかわらず、この価格帯で買えるものは要注意です。シャブリ、ボルドー、ブルゴーニュ、イタリアのキャンティやソアヴェなどです。たいていの場合、その真価は発揮されていません。

反面、発見の喜びがあります。気に入ったものがリーズナブルな価格で手に入るのですから、その喜びもひとしおです。

◎中価格帯

2000〜4000円のものです。ブドウ品種の個性はもちろんのこと、その土地の特徴がワインに反映されてきます。

「ワインはテロワール（その土地の気候風土、文化、習慣、人）を楽しむもの」といわれます。いわばワインの真髄、これを体験するためにはこの価格帯のワインです。このゾーンになると安定感がグンと増します。ハズレはあまりなく、粒ぞろいです。ボトルやラベルが醸し出す雰囲気も、いかにもレベルの違いを感じさせてくれます。

現地のレストランに行くと、これらのワインが2000円前後で楽しめるので、うらやましい限りです。

◎高価格帯

4000円以上の、いわゆる高級ワインとなります。「3900円から100円違うだけで、そんなに変わるのか」というと、そこは微妙なところがありますが、このゾーンになると格調高くなることは間違いありません。これらのワインを開けることは、最高のおもてなしであり、特別な気分、時間を演出してくれます。

しかし、ここには今日のテーマと矛盾する点があります。それは価格設定が、純粋にワインの品質だけでない部分も出てくるということです。

知名度の高いブドウ畑（エリア）のものであったり、評価の高い造り手のものであったり、高名な評論家が高い評価をした場合などは、それだけで買い手が殺到するので、それに伴い、価格も上がってしまうのです。

最後に、使い分けについて。

世紀の美食家、キュルノンスキー[4]によると、料理は

❶家庭料理（日々の食事）
❷地方料理（ビストロなどで提供される食事）
❸高級料理（レストランで提供される食事）

以上の3つに大別されます。

ワインも、そこにそのまま当てはめることができます。デイリーワイン、ウイークエンド（ホリデー）ワイン、そして特別なオケージョンに花を添えるワイン。

TPOを合わせるとワインの楽しみは何倍にもなるものです。

1 フライング・ワインメーカー…複数のワイナリーの醸造コンサルタントの通称。国内だけでなく世界中を飛び回ることから、「空飛ぶワインメーカー」と呼ばれている。栽培・醸造の研究が進んだオーストラリアのスペシャリストが、自国の収穫、醸造を終えたあと、季節が反対の北半球にとび、コンサルティングをしたことが発端となって生まれた概念。

2 『モンドヴィーノ』…2004年制作、ジョナサン・ノシター監督のドキュメンタリー映画（日本公開は2005年）。ソムリエ経験を持つ監督が、世界に広がるワインの商業主義（グローバリズム）と手作りにこだわる農民（ローカリズム）の対立する構図を軸に、ワイン造りの意外な真実とそこに関わる人間ドラマをつづった。

3 ポムロール…ボルドー地方、ドルドーニュ河岸のエリア。メルローを主体に植えられている畑は、鉄分を豊富に含んだ独自の土壌。力強く、凝縮感のある、長期熟成型のワインが生まれる。著名なワイナリー、ペトリュス、ル・パンで造られるワインは、10万円を優に越える超高額ワイン。

4 キュルノンスキー…20世紀初頭にジャーナリストとして活躍した、フランスの高名な美食家。本名はモリス・エドモン・サイヤン。ミシュランガイドの顧問も勤め、美食と旅を結びつけた。

8

妖艶

Pinot Noir

ピノ・ノワール

妖艶な香りとヴィロードの喉越し

ブルゴーニュのブドウ畑「コート・ドール」

◎シノニム
シュペート・ブルグンダー、ピノ・ネロ、ピノ・ノワリアン、フラン・ノワリアン、モリヨン・ノワール、サヴァニャン・ノワール

◎原産地
ヨーロッパ東部と考えられている。
歴史は古く、ローマ時代まで遡る。

◎主な栽培地域
フランス（ブルゴーニュ、シャンパーニュ）、ドイツ、イタリア北部、スイス、アメリカ（カリフォルニア、オレゴン）、オーストラリア、ニュージーランド、チリ

◎特徴
形が松ぼっくり（Pommes de pin）に似ていることからその名がついた。果皮は薄く、果汁の色が薄い（半透明）。早熟型。

気難しいブドウ品種、ピノ・ノワール

カベルネ・ソーヴィニヨンやメルローと違い、ピノ・ノワールは他の品種とブレンドはせず、単独でワインに用いられます。世界的にワイン愛好家に大変好まれているブドウ品種ですが、その名声に対して、栽培量はあまり多くはありません。

ピノ・ノワールは暑く、乾燥した気候には向きません。しかし寒すぎても、湿度が高すぎてもダメなのです。また雨にも、風にも、弱いのです。言い換えますと、環境に左右されやすく、乾燥により生育が止まってしまったり、多雨により葉や枝が伸びすぎてしまったりと、成熟への悪影響となるのです。

特にブルゴーニュ地方は天候が不安定なので造り手たちは大変です。日々、目まぐるしく変化する状況に対応しなければなりません。ブルゴーニュのあるワイナリーを訪問した時のことです。奥様が出ていらして、「急に、畑に行ってしまったんです」とすこし心配そうな表情で迎えてくれました。しばらくすると、ご主人が泥だらけになって帰ってきました。「葉が伸びすぎてしまって……。あと天気が変わりそうだから、急遽手入れをしなくてはならなくてね」と、気を休める間もないようです。

他の産地では、恵まれたヴィンテージが続くこともままありますが、ブルゴーニュで申し分のないピノ・ノワールを収穫した年が連続することはまずないというくらい、気難しいブドウなのです。その分、よかったときの喜びはひとしおなのでしょうね。

ピノ・ノワールは、産地の個性をそのまま映し出すといわれています。ブルゴーニュ地方だけを見ても、北部のコート・ドゥ・ニュイ地区と南部のコート・ドゥ・ボーヌ地区とでは違いますし、ジュヴレ・シャンベルタン村と隣のモレ・サン・ドニ村とでは違います。同じ村の中でも、この畑とあの畑とでははっきりと個性が違うのです。わずか数メートルも距離は違わないにもかかわらずです。もちろん、ボルドーでも、カリフォルニアでも、そういった違いはあるのですが、これほどまでに顕著なのは、ブルゴーニュをおいて他にありません。それを表現しているのが、ピノ・ノワールなのです。

「ヴィロードのズボンをはいた幼いキリスト」のような喉越し
——ピノ・ノワールのフレーヴァー

ピノ・ノワールの一番の特徴は、香りの豊かな広がりにあります。多くのピノ・ノワールファンはグラスを鼻に近づけた時に香りに包まれる感覚に魅了されているのでしょう。

妖艶な香りともいえます。現代的なスタイルのブルゴーニュは濃縮感が強く、香りも引き締まったタイプのものも多いのですが、伝統的なスタイルのものは飲み手をうっとりとさせる魅力を持っています。ピノ・ノワールは香りを楽しむといってもいいかもしれないですね。

典型的な香りはこれ、と断定しにくいのがピノ・ノワールです。なぜかというと産地の個性を映し出す特性がある、つまり産地によってその個性は違ってくるからです。

果実香では、ラズベリーの香りのものから、ブラックチェリーの香りまでさまざまですし、若いうちから紅茶やタバコの香りを持つものもあれば、牡丹《ぼたん》やゼラニウムのようなフローラルなタイプもあります。鉄分（動物的な香り）やスパイスの印象の強いものもありますし、ミネラル感（土っぽい）が際立ったものもあります。

そんなヴァラエティに富んだ個性を持ちながらも、明確なアイデンティティを持っているのがピノ・ノワールで、一度覚えたら、なんの香りかよく識別できなくても、これがピノ・ノワールなんだと飲み手は感じることができるのです。やはり妖艶ですね。

味わいにも明確な個性を持ちます。それはふくよかな味わいの広がりとキメ細かな渋みです。ふくよかなボディというと、メルローと同じ表現になってしまいますが違います。メルローのように肉厚で重量感があるボディではなく、ふんわり広がる、むしろ口中で浮かび上がっていくような心地よい広がりのある味わいなのです。香りの広がり方と似ています。

また、ブルゴーニュの赤は昔から、「喉越しの良さ」に定評があり、「ヴィロードのズボンをはいた幼いキリスト様が喉元をすべり降りてゆくよう」といった、いかにも表現力豊かなフランスらしいコメントもなされます。ヴィロードのようなというのは、渋みを指しています。ピノ・ノワールの渋みはとてもきめ細やかで、緻密、ヴィロードやシルクの生地を触っているような心地よい触感が特徴なのです。

Sommelier's Note 8

ミクロクリマ

Microclimate

「ヴォーヌ村のある区画の土中には特別な鉱脈が流れているようだ」

ブルゴーニュの修道士が書き記したといわれています。中世、ワインはキリスト教の信仰と儀式のため、また巡礼者たちにふるまうため、修道士たちによって造られていました。

畑を耕し、ブドウを育て、収穫し、ワインを造っていくうちに、「よい区画（畑）」がわかってきます。修道士は、それらの特別な区画を石垣で囲み、法王、王様献上用に区分けしていったのです。これがクリマ（＝区画、畑）の概念です。

修道院がワインを造る時代が終わっても、クリマの探求は続けられ、結果、畑の格付けが生まれました。これは標高で理解することができます。標高240メートル以下の平地部分が村名クラス、240～280メートルの斜面部分がプルミエ・クリュ（1級）、そして260～300メートルの斜面上部がグラン・クリュ（特級）となっています。

標高や畑だけを指すのではなく、もっと狭い範囲の微気象による違いをも含むものを、ミクロクリマといいます。ブドウが植えられている列、ブドウの樹と樹、また房と房といった範囲でも空気、気温、湿度、微生物などが違っていて、それら人間では感じられないわずかな違いが、ワインの品質に明確な影響を及ぼすのです。

ブルゴーニュのブドウ畑を歩いているとわかるのですが、特級畑からわずか三歩歩いただけで格付けの違う畑となり、個性も大きく違うのですから、不思議なものです。

ミクロクリマ

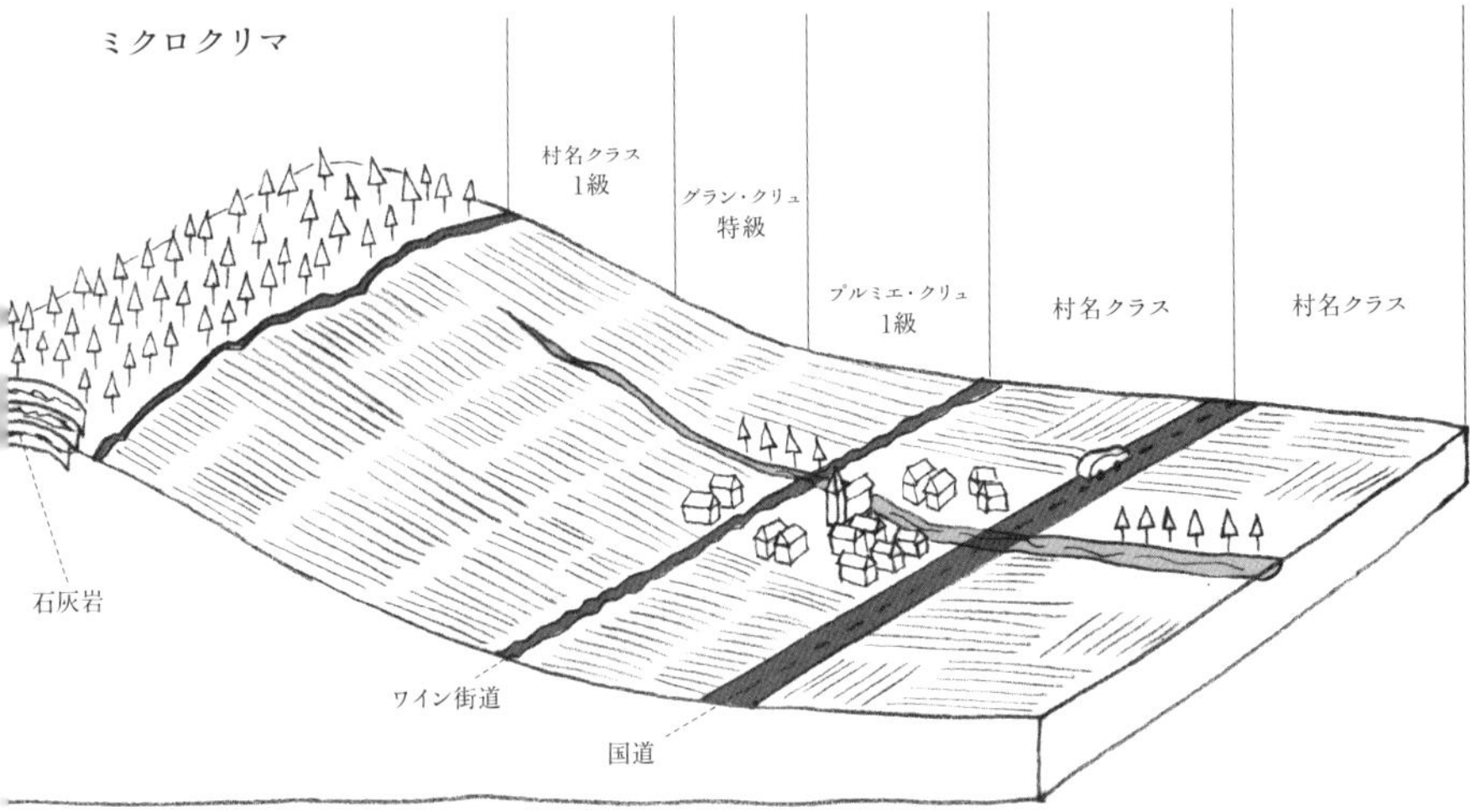

世界のピノ・ノワール

ピノ・ノワールはリースリング同様、クールクライメイト（冷涼気候）を求めます。フランスでもブルゴーニュ、アルザス、ロワール、シャンパーニュとすべて冷涼気候エリアです。続いて、スイス、ドイツで多く栽培されています。いずれも冷涼な産地です。

アメリカではカリフォルニアのソノマやカーネロス、サンタ・バーバラ、オレゴン。オーストラリアではヴィクトリアのヤラ・ヴァレー、ニュージーランドではセントラル・オタゴとマルティンボローが秀逸で、いずれもクールクライメイト産地として知られるエリアです。

ニューワールド各国の増加は目覚ましく、ここ数年で栽培面積が倍以上にもなっている国も散見されます。また北海道や青森でも少ないながらに生産されており、発展の可能性を感じさせます。

ピノ・ノワールがわかる10本

- ジュヴレ・シャンベルタン――ジブリオット
- シャンボール・ミュジニィ――ジャン・ジャック・コンフュロン
- ヴォーヌ・ロマネ――ミッシェル・グロ

●ボーヌ――ルイ・ジャド
●アルザス――マルセル・ダイス
●サンセール――アルフォンス・ムロ
●オレゴン（アメリカ）――クリストム
●ソノマ（アメリカ）――シュッグ
●ヤラ・ヴァレー（オーストラリア）――コールドストリームヒルズ
●セントラル・オタゴ（ニュージーランド）――M・ディフィカリティ

ピノ・ノワールのサービス――「注ぐだけ」が最良のもてなし

ピノ・ノワールのサービスは一見いたってシンプルです。デカンタージュをするなんてことはほとんどありません。理由はメルローと同じです。しかし、グラスはその名の通り、ブルゴーニュグラスと呼ばれるバルーン型のものを使い、ふくよかなボディをそのままに味わっていただきたいと思っています。温度もセラー（16℃）から出して、自然に上がっていけばちょうどいい加減となります。

つまり、ピノ・ノワールはセラーから持ってきて、開けて、注ぐだけというサービスになってしまいます。以前は、「ブルゴーニュの特級銘柄ともなるとかなりの高額になるのに、開けて注ぐだけでよいのか」と、葛藤というか、不安に思っていました。

あるお客様からロマネ・コンティの予約をいただいたことがありました。それは、ご自身への一年間の慰労と、「来年も必ずロマネ・コンティを飲みに来られるよう頑張るぞ」という激励の意を込めたものでした。これほどまでに身の引き締まる思いがする予約はありません。でも、できることがないのです。前もって開けておく必要も、デカンタージュする必要もありませんし、グラスも決まっています。ロマネ・コンティを雄弁に語るようなマネは愚の骨頂のようなもの。まさに手も足も出ない状態です。

「これで期待に応えることはできるのだろうか……」

無事に開栓。恐る恐るテイスティングしてみると、なんとも微妙なバランス。「これがロマネ・コンティなるものか!?」と感嘆と動揺に包まれつつも、温度は今がベストだと感じました。そこで、了承を得て、ボトルはテーブルに置かず、セラーに置いておき、注ぎ足すたびに運んでいくことにしました。今となってはそれが最良のサービスだったのか甚だ疑わしいものです。

しかし、そのお客様は「そこまでしてくれるとは!」と、感激してくださったのです。

今では、経験と造り手たちとの対話から、こう理解をして、サービスするようになりました。

よい造り手は、「よいブドウを収穫したら、あとは自然に任せてワイン造りをするだけ、余計な操作はいらない」といいます。

であれば、「よいワインは、余計な操作をせずに誠意を持って注ぐのが一番なのだ」と。そして、そんなサービスがもっともふさわしいのがピノ・ノワールなのだと。

ブルゴーニュワインはソムリエ泣かせ

日本のワイン愛好家は本当にブルゴーニュが好きです。ワイン誌もブルゴーニュ特集なくして、部数を伸ばすことはできないでしょう。レストランでもブルゴーニュのイベントは、大変人気があります。

でもそんなにこぞって飛びつくほど、ブルゴーニュはポピュラー（明快）な個性を持っているとはどうも思えないのです。かく言う私もブルゴーニュは大好きですが。

なぜそんなひねくれたことを考えるかというと、一般に好まれる赤ワインは「濃いワイン」です。凝縮感のある香りとヴォリュームのあるボディと力強い渋みのあるものです。しかし、ほとんどのブルゴーニュはそれには当てはまりません。むしろ対極です。テイスティングコメントを聞いていても思います。

「色は明るく、香りは華やかでラズベリー、すこし花の香り。味わいは酸味が中心で、ボディは中程度、渋みは軽めで……。ブルゴーニュのピノ・ノワールだと思います」と。

おや？　魅力のあるワインの表現とはいえませんよね。1000円ほどの赤ワインでも同じようなコメントになりそうです。

しかし、ブルゴーニュワインの味わいの豊かさ、緻密さ、芳香は人を惹きつけます。言葉では表せない魅力こそブルゴーニュなのです。ワインを言葉で紹介しなければいけないソムリエとしては語彙を増やし、表現力を磨く努力の必要性を突きつけられます。

料理とのハーモニーも一筋縄ではいかないのがブルゴーニュです。ブルゴーニュの地方料理はというと、コック・オ・ヴァン（雄鶏のワイン煮込み）、ブッフ・ブルギニヨン（牛肉のワイン煮込み）、ウフ・アン・ムーレット（落とし卵の赤ワイン煮）、ジャンボン・ペルシエ（豚肉のパセリ・ゼリー寄せ）などです。どれも美味しそうです。それでいてとても味のしっかりした、重たい料理です。ブルゴーニュと合わせると素晴らしいハーモニーが楽しめます。

問題は、このような料理をレストランで出しているシェフはほとんどいないということです。食材を尊重する料理が主流である昨今、煮込み料理よりも、もっと洗練された、短い（もしくは優しい）加熱で、ソースも少なめで、軽めに仕上げるシェフがほとんどなのです。

ある有名店での、ブルゴーニュの造り手とのディナーでのことです。素晴らしいラインナップとコースメニューが用意されていました。しかし残念ながらハーモニーはありませんでした。立派なアーティチョーク、フランス料理ならではの野菜です。ブルゴーニュと合わせると苦くなります。魚料理にはクレソンとオリーブオイルのソース。クレソンの青々しい爽やかな味わいはワインとの間には違和感を生み、オリーブオイルによって、ワインと料理は完全にすれ違わされてしまいます。見事な焼き色で仕上げられた鳩のローストにはレモンの風味が絶妙につけられています。そのレモンの味が、ブルゴーニュの緻密な渋みを不快なものにしていました。

ブルゴーニュラヴァー垂涎の珠玉のワインたちと、シェフの高い技術と良質な食材で構成されたコースメニューは、最高のディナーになるどころか、大変残念な気持ちにさせられてしまったことを覚えています。すれ違いから早々に離婚してしまう芸能人のビッグカップルのようです。

ブルゴーニュは主張が強く、孤高なので、料理にはっきりとした風味や主張があると、すれ違うか、もしくはぶつかり合ってしまうのです。

日本ソムリエ協会の会員誌で、「料理とワインのハーモニー」という、実際に試食試飲して、両者の相性を検証するという企画を連載しています。テーマ食材をさまざまな調理法、ソース、付け合わせで料理し、何種ものワインを合わせるのですが、この時もブルゴーニュはいつも大苦戦です。特に南フランス、または地中海風の料理とはまったく合わないといってもよいでしょう。しかし、実際に南仏、地中海の風味の料理は日本でも頻繁にメニューに見かけます。

ではブルゴーニュに合わせる料理のポイントはというと、ジャガイモ、パセリ、ベーコン、タマネギ、マッシュルームです。鶏肉でも、牛肉でも、豚肉でも、付け合わせにこれらを添えるとブルゴーニュがしっくりきます。また、クリームやバターを使った料理です。ブルゴーニュの醍醐味である、ふくよかに広がる味わいをより一層芳醇にしてくれます。

ブルゴーニュワインのよいサービスは、デカンタージュやら、グラスやら、温度やらではなく、表現力を磨き、シェフとよくディスカッションして、合わせる工夫を凝らすこと。つまりサービス以前の準備が大切なのです。

料理とワインの合わせ方

ワインといえば、「料理に合う」は当たり前のように使われる言葉です。ワイン以外でも「ウイスキーにはこれが合う」「日本酒にはこれが最高」「焼酎には……」と、酒好きの方にはそれぞれ、「お気に入り」がありますよね。

でも、それらは「酒の肴《さかな》」、つまり酒を美味しく飲むためのツマミであり、「料理を美味しくさせる」「料理を引き立てる」とは意味が違っています。ワインは料理を美味しく味わうためのツールともいえるのです。

「マリアージュ」というのを聞いたことありますよね？　料理とワインが「結婚する」というフランス人らしい表現、のように思えますが、フランス人（ソムリエ）はマリアージュとはあまり言いません。

まあたしかに「結婚」って相性が必ずしもいいとは限らないでしょう？　離婚率がとても高いフランスは特に。料理とワインが離婚されては困りますよね。

フランス語では、ハーモニー（調和、協和）、またはアコール（同意、協調）といいます。私はマリアージュよりこちらの方がしっくりくるなあと思っています。

料理とワインの合わせ方には、大きく分けて、

❶似通った個性、風味を持ったもの同士

❷ 地方料理とその土地のワイン

の2種類があります。

前者は、爽やかな料理には爽やかなワイン、こってりした料理にコクのあるワイン、スパイシーな料理にスパイシーなワインといった具合で、似たもの同士を合わせるパターンです。

後者についてですが、料理のルーツはそのほとんどが、地方料理であるといえます。たとえば、フランス料理でも、パリの料理、ボルドーの料理、プロヴァンスの料理があり、現代のシェフが（日本で）作る料理だって、必ずどこかの地方料理からインスパイアされたものばかりなのです。その料理がルーツとする地方と、そこから生まれたワインは合うといわれます。

では、料理名を見て、どこの地方かわからなければいけないのでしょうか？　もちろんそれがベストですが、大変ですよね、プロのソムリエだって、そんなによく知らないと思います。

でも、その店のスペシャリティや、シェフがどこで修行してきたかは、聞けばわかります。そこに大きなヒントがあるのです。たとえばわたしの勧めるレストラン・アイ（神宮前）のオーナーシェフはニースに拠点を置いています。当然ワインはプロヴァンスワインが最適なのです。

ではどうやって、料理とワインが合っているか確かめるのか、その方法をお教えしましょう。

料理をよく噛みしめて、料理の風味が口中にいきわたるように食べます。続いてすぐにワインを飲みます。口の中がワインの味に変わります。飲み込んでしばらくして、料理の風味がまたよみがえってきたら、よく合っているとなります。ワインが料理の余韻を伸ばしているのです。料理の風味がよみがえってこなければ、ワインが強すぎるということです。

また、ワインや料理を酸っぱく感じたり、苦くなったら、その相性はよくなく、まろやかに、やさしく、甘みが広がったら、相性は素晴らしい、ということなのです。

料理とワインを楽しむ時、思い出したらぜひ試してみてください。

9

自在

Syrah

シラー

時には洗練、時にはパワフル、変幻自在なブドウ

エルミタージュのチャペル

◎シノニム

シラーズ、ブラジオーラ、ネグレット・ディ・サルッツォ、カンディーヌ、エルミタージュ、セリーヌ、シラク

◎原産地

ソイン発祥の地、コーカサス地方ペルシャの街・シラーズがシラーの故郷と考えられている。またシチリアの街シラクサに由来するという説もある。フランスには、十字軍遠征から戻った騎士ガスパール・ドゥ・ステランベルグがローヌ地方のエルミタージュにもたらしたといわれる。

◎主な栽培地域

フランス、イタリア、ギリシャ、オーストラリア、カリフォルニア、アルゼンチン、南アフリカ、ブラジル、ニュージーランド

◎特徴

房は中位大で、コンパクトに実がつまっている。粒は小さく、果皮は薄く、色は濃い。成熟は遅くもなく、早くもない。剪定《せんてい》をしっかりしないと、収量が増えすぎる。肥沃な土壌には向かない。

洗練され、現代的に変化したブドウ品種

シラーは、近より難い強さと個性を持ったブドウというイメージがありました。しかし、時代を創ったともいえる名手たちにより、これは世界を舞台に銘醸ワインを生み出すブドウ品種として、見事に名声を勝ちとったのです。

フランス屈指の赤ワイン産地、エルミタージュはシャーヴ、シャプティエ、ジャブレといった伝統ある名門ワイナリーにより、別格との評価を不動のものにしています。

エルミタージュの北のワイン産地、コート・ロティではギガルというワイナリーが革新を起こしました。価格的にもエルミタージュを凌ぐワインをリリースし、世界中の注目を集めたのです。また若手生産者の台頭が目まぐるしく起こったのも、ここコート・ロティです。ローヌ地方のワインに、「洗練」「現代性」をもたらしたのもこのエリアの造り手たちといっても過言ではないでしょう。

小さなブドウ畑、コルナスの名を世界に知らしめたのは、ジャン・リュック・コロンボです。彼以前は、コルナスはフランスはおろか、ローヌ地方においてもマイナーな存在でした。

シラーは、伝統的なワイン造りでもその個性を発揮するのはもちろんのこと、現代的な醸造

においても効果がとても高いブドウ品種だということが、ローヌ地方の革新から、見てとれます。

オーストラリアが国際市場デビューを果たすことになった時のフラッグシップが、ペンフォールド社が生み出したシラーによる赤ワイン、「グランジ・ハーミテージ」でした。フランスから持ち帰ったブドウでこのワインを造ったペンフォールドのマックス・シューベルトは、「オーストラリアワインのパイオニア」と賞賛されました。以来、シラーはオーストラリアの顔となったのです。

変幻自在――シラーのフレーヴァー

シラーの故郷はフランス・ローヌ地方、その中心的存在がエルミタージュです。エルミタージュのワインは、色は黒みを帯びた濃いガーネット、はっきりとした黒胡椒の香りに、鉄さびのような複雑さを与えるミネラル感が特徴で、酸味、アルコール、渋みがハイレヴェルなバランスを保つ、がっしりとした赤ワインがシラーから生まれます。

しかし、それはエルミタージュという、鉄分を豊富に含んだ、急斜面のブドウ畑での個性であり、シラーという品種が必ずしも黒胡椒と鉄さびの風味を持つわけではありません。上流域のコート・ロティでは鉄さびの香りはあまり出てきません。下流域のコルナスになると、がっしりしたボディというより、円みのある味わいとなります。明確な（表現しやすい）個性を持ちながらも、ピノ・ノワールのように、その土地の個性を映し出すブドウ品種なのです。

またカベルネ・ソーヴィニヨンのように暑さにも、乾燥にも、強風にも強いのでローヌ地方以外でも広く栽培されています。そしてその土地、その土地で個性を違えているのが面白い点です。プロヴァンスでは、色の濃さと渋みを与えるため、ラングドックでは酸味とバランスのよさを、という役割のもとブレンドされます。

エルミタージュの急斜面のブドウ畑

世界でも、産地により個性が変わってきます。カリフォルニアではブラックチェリージャムの風味のアルコールの高いワインとなり、オーストラリアではシラーズと呼ばれ、チョコレートフレーヴァーとユーカリの香りを特徴とします。

「変幻自在」。シラーを表すのにもっともふさわしい言葉だと思います。

Sommelier's Note 9

スパイスの香り

Flavor of spices

私が初めて「スパイシーなワイン」という表現を耳にしたのは20年ほど前です。まだワインをベリーフルーツにたとえることすら知らなかった時期でしたから、その衝撃は言葉にできないものでした。

無知に等しい私が困惑するのは当然のことですが、やはり多くのプロも「スパイシーなワイン」という表現はすぐに理解できていなかったと思います。「スパイシー＝辛い」という認識をほとんどの人が持っていたはずです。

世界中のさまざまなスパイスが紹介されたのはそれからずいぶん経ってからのこと、当時スパイスですでになじみがあったのは胡椒と唐辛子くらいだったのではないでしょうか。辛いワインなんて想像がつかないですよね。

ブドウ品種自身の香り、いわゆる「第一アロマ」はフルーツや花の香りが主体です。それらの香りは果皮と果肉から生まれるものです。しかしブドウにはもうひとつ香りを生み出すパーツがあります。それが種子です。スパイスは植物の実や種子や球根を潰してできるものですから、ワインにスパイスの香りが感じられるのは自然なことなのです。

スパイスの香りは、どのブドウからでも感じられるわけではありません。黒ブドウの個性の違いを決定する大きなポイントのひとつは粒の大きさですが、これはスパイスの香りの決定要因でもあります。

粒が小さいブドウは、ジュース（水分）となる果肉に対して、果皮や種子（固形分）の割合が大きいわけですから、色が濃く、風味はより凝縮感があり、スパイスの印象が強くなり、渋みもしっかりしてきます。粒の小さいブドウといえば、カベルネ・ソーヴィニヨンとシラーがその代表です。どちらも色が濃く、渋みがあり、スパイシーです。

ワインの香りは熟成とともに変化していきます。果実の香りは徐々に少なくなり、土っぽさや動物的ニュアンスが感じられるようになります。しかし、スパイシーさというのはあまり変化せず、若いうちから熟成後まで常に感じられるのです。つまりブドウ品種のサインともなるのです。

たとえば、カベルネ・ソーヴィニヨンには丁子やナツメグの香りが感じられます。シラーには黒胡椒（オーストラリアだとユーカリ）、プロヴァンス地方のムールヴェドルからはローリエやエルブ・ドゥ・プロヴァンス（プロヴァンス地方のドライハーブのミックス）、ボージョレのガメイからは甘草《かんぞう》の香りといった具合に、品種の個性を特定することができます。

スパイスの香り成分は主にフェノール類です。ワインのフェノール類は果皮や種子から抽出されますが、木樽からの影響もあります。オーク材に含まれるフェノール類からも、丁子のような香りがつきます。

スパイスは赤ワインの香りの持ちをよくし、味わいのアクセントとなり、それを引き締めます。まさに料理でのスパイスと同じような役割を持つのです。

世界のシラー

前述の通り、シラーは産地によって、個性が異なるのですが、どのシラーも明確な風味を持っています。

オーストラリアにおいても、南オーストラリア州バロッサ・ヴァレーのシラーはチョコレート・ミント、ユーカリの香りのリッチな味わい、ヴィクトリアのものは、バランスがよく黒胡椒の香りが感じられます。

スペイン、ポルトガルでも以前は補助的品種（両国は土着品種が尊重されるのでシラーはブレンド用でした）でしたが、徐々にその割合を増やしていっています。

南アフリカ、南アメリカ、そしてインドやタイでも、シラーは常にその明確な個性を発揮しています。

シラーがわかる10本

- ●エルミタージュ――M・シャプティエ
- ●クローズ・エルミタージュ――ポール・ジャブレ
- ●コルナス――ジャン・リュック・コロンボ

●コルナス——A・クラープ
●コート・ロティ——ギガル
●コート・ロティ——ルネ・ロスタン
●ステレンボッシュ（南アフリカ）——ニール・エリス
●バロッサ・ヴァレー（オーストラリア）——ペンフォールド
●ヴィクトリア（オーストラリア）——タービルク
●マーガレット・リヴァー（オーストラリア）——ヴァッス・フェリックス

シラーのサービス——決まりはなし、ソムリエの腕が問われる1杯

シラーほど、それぞれのワインによってサービス法、合わせる料理が一変するブドウ品種はありません。ローヌ地方を例にとっても、エルミタージュやサン・ジョセフはチューリップ型のグラスがよく、コート・ロティとコルナスはバルーン型。デカンタージュもエルミタージュは必須で、サン・ジョセフとコート・ロティはケース・バイ・ケース、コルナスはオリが出ていない限りは必要ありません。しかし造り手により、またそのワインにより、必要が出てくる

こともあります。

料理も仔羊や仔牛といった、肉質の上品なものに合わせるとよいものもあれば、鹿や猪などジビエがよいものもあります。ソースがなくてもよいものもあれば、ソースがなくてはならないものも。

シラーというくくり方自体に無理があり、それぞれ別のワインとして扱わなければならないということなのです。そういう意味ではソムリエのテイスティングとサービスの能力と経験が試されるので、やり甲斐があるというものです。

シラーの真骨頂は、熟成にあり

「酸味と渋み、アルコールが力強く感じられる、つまり骨格のがっしりとしたワインで、個性的なスパイシーさがあります。胡椒をしっかりと利かせた血液ソースの鴨にはとてもよく合います」

よく使っていたフレーズです。以前ソムリエとして勤めていたトゥールダルジャンのスペシャリティである「鴨のロースト 血液ソース」。「頼んでみたものの、とても食べられない」という表情で悪戦苦闘されているお客様をしばしばお見受けしました。ソムリエとしては、シラーによる個性的なワインでなんとか美味しく召し上がっていただきたい。そこで、エルミタージュをよくお勧めしていたのです。

言い換えれば、個性的なエルミタージュが活躍できるのは、鴨の血液ソースと合わせる時くらい、のような認識でいました。「食べづらい×飲みづらい＝よいハーモニー」といった考え方です。あまり褒められたものではありませんね。

そんな、シラーによる最も難しいワイン、エルミタージュ。しかし、その印象は私がたんにもの知らずであっただけだと思わされた、衝撃的なワインとの出会いがありました。

エルミタージュ・ラ・シャペルというワインで、ポール・ジャブレという造り手のものです。ヴィンテージはよく覚えていないのですが、15年ほど熟成したものでした。

それは当時の私にとってまさに衝撃でした。

色はまだしっかりとした濃度を保ち、香りにも酸化の印象はありません。個性的な黒胡椒と鉄さびの香りは、ブラックベリーのような果実香と土っぽい香りに溶け込み、上品なアクセントとなっています。

「熟成しても黒胡椒の香りは減らない（際立った）ままと思っていたのに！　鉄さびの香りも熟成により、さらに強くなるわけじゃないのか⁉」と驚きとともに感動に包まれました。

つまり、「飲みづらいワイン」と思っていたエルミタージュが、熟成により、見事にエレガントでバランスのよいワインに変身していたのです。ボルドーは、若いうちは固く閉じているものが、熟成によりエレガントな、すなわち高貴なワインへ変貌を遂げるということはわかっているつもりでしたが、自分の経験不足をまざまざと見せつけられた体験でした。それから、その自分の不覚を証明するかのように、クローズ・エルミタージュ、コート・ロティ、サン・ジョセフ、コルナスなど、エレガントなスタイルのワインと出会っていきました。

シラーによるすべてのワインが、熟成するとエレガントな個性になるとはいえませんが、シラーの熟成のポテンシャルは極めて高いといえるでしょう。

コラム —— 9

シェフとソムリエの調和

私にはシェフと上手くやっていける資質があると思っています。それは生まれたときから料理人と付き合ってきた、いや料理人に育てられてきたからです。

父は中華食堂を営んでいました（2016年に閉店）。母も父の手伝いをしていましたし、福祉センターの食堂を任されていたこともあります。兄は、「中国料理の神様」陳健民《ちんけんみん》に師事したこともあり、長い間、赤坂四川飯店《しせんはんてん》で料理人として勤めていました。今も料理人を続けています。

私が新卒でニューオータニのレストランに配属になったとき、ホールの誰もシェフとまともに口がきけませんでした。当時シェフも気難しかったというか、ホールを見下していたというのもありましたが。

そんな、皆が持っていた苦手意識を私はあまり持っていませんでした。もちろん怒鳴られたことも沢山ありましたが、うまくやっていたほうだと思いますし、一目置かれていたというのもあったかと思います。それが後々役に立つ資質だとは思いもしませんでした。

ワインの相方が料理であるのだから、ソムリエの相方はシェフになります。ソムリエはシェフとたしかな信頼関係を築いていないと、その使命を全うすることはできないといってもよいのです。よくシェフを理解することによって、料理を理解することができます。

料理の知識があれば、料理名とレシピだけで合わせるワインを考えることは可能です。しかし、シェフはどんな着想からこの料理を作ったのか、ポイントしている食材や味つけ、その背景などは、料理名とレシピからでは読み取ることはできません。

シェフがどんな人で、どんな考えを持っていて、ルーツとなる土地や師事したシェフや影響を受けているシェフは誰かなどをよりよく理解していると、そこから最適なワインが導き出すことができるのです。

そのために大切なのは人間関係です。仕事の話ひとつとっても、頼み事がある時やトラブルが起きた時だけ厨房に来るのでは、よい関係はあり得ません。特にシェフは、たとえオーナーシェフでなくとも、雇われている、仕事だからやっている、と考えている人はいません。皆料理への並々ならぬ愛情と情熱を、日々注いでいます。つまり、「仕事じゃないですか！」なんて問いは通用しないのです。

私は父親、母親、兄が料理人ということもあり、肌でそんなことが身についたのかもしれませんね。シェフとの信頼関係を築くために実践していることを紹介します。

◎挨拶

人間関係の基本ですね。挨拶をするだけでなく、昨晩のお客様の感想や指摘を伝えたり、その日予約の入っているお客様の情報や注意点、イベントやグループのメニュー内容などについて、簡単なフィードバックをします。もちろん、そこで一番大切なのは、料理をメインの話題にすることです。料理人には料理の話が一番ですから。

また最近行ったレストランや出会った食材なども話題にします。仕事のあり方、チームのこと、これからのこと、そんな人生哲学のようなことも話したりします。

◎シェフ・厨房に興味を持つ

シェフをはじめ、厨房の動向に興味を持つことにより、仕事を合わせていきます。

シェフが新作を試作しているかもしれません。若い料理人が厨房の隅で初物のきのこを掃除しているかもしれません。新しいメニューが始まる時期がいち早くわかれば、それに合わせてグラスワインなどの手配をすることができます。

◎試食・試飲をする

〝新作料理は必ずワインとともに試食をする〟――これができるかどうかは本当に大きいです。プロセスにも、結果にも雲泥の差が生まれます。言い換えれば、試食さえできていれば、いいハーモニーも、いいサービスも可能なのです。

添えられたハーブや野菜によってワインと主素材がバラバラになる、思ったよりワインが強かった、ソースの煮詰め具合が足りない。また、火入れによっても違ったハーモニーになります。ローストだといいけど、グリルだと苦くなる、などです。

「ディテールに神が宿る」といわれますが、ディテールにどれだけ目を向けるかにより、料理とワインのハーモニーは素晴らしいものになります。もちろんシェフにもワインをテイスティングしてもらいます。

料理とワインのハーモニーには、シェフとソムリエの調和が大切なのです。

10

グルナッシュ
Grenache

凝縮

地中海の香りをたっぷり含んだブドウ

グルナッシュ

◎シノニム

アリカンテ、ボワ・ジョーヌ、カンノナウ、ガルナッチャ、ラドネ、ティンタ・アラゴネス

◎原産地

スペイン・カタルーニャ地方アラゴン。

イタリアのサルデーニャ島原産であるともされている。

15世紀にヨーロッパに広まる。

◎主な栽培地域

スペイン（全体の3分の1以上。地中海沿岸、リオハ）、

フランス（プロヴァンス、ラングドック）、

イタリア（シチリア、サルデーニャ）、ギリシャ、

チュニジア、モロッコ、アルゼンチン、ペルー、

ウルグアイ、カリフォルニア、南アフリカ、オーストラリア

◎特徴

房は大きく、粒は中位で水分を多く含む。果皮は厚い。

生育期間が長く、晩熟型。乾燥、強風に耐性を持つ。

有名で育ちやすいにもかかわらず、ローカルにとどまるブドウ

世界でも有数の栽培面積を誇るこの黒ブドウは、地中海沿岸エリアで広く栽培されています。スペインの芳醇かつ濃厚な赤ワイン、ローヌ地方、プロヴァンス地方の力強いボディ、イタリア・サルデーニャ島での果実味豊かなふくよかな味わいは、この品種から生まれています。いわば地中海の風味あふれるワインを生み出しているのがグルナッシュなのです。

またグルナッシュはロゼワインの生産にも向き、南仏、スペインのロゼの主要品種となっています。ポートワイン[1]を代表とする天然甘口ワインにも用いられています。南仏のバニュルス、モーリー。日本にはあまり紹介されていませんが、スペインでも地中海沿岸エリアではグルナッシュを使った天然甘口ワインが認められています。

グルナッシュは、メルローと同じく、濃縮感があり、ヴォリュームのある味わいとなります。加えて地中海性気候でよく育ちますから、ニューワールド[2]各国でポピュラーになりそうなブドウなのですが、栽培の中心は地中海沿岸各国で、ニューワールドでのヴァラエタルワインとしての登場は多くはありません。なぜメルローやソーヴィニヨンと同じくらい栽培が広まりポピュラーにならないのか、不思議にすら思えます。

さまざまな理由があるのでしょうが、私は仕立て方[3]にその理由があるのではないかと考えています。

グルナッシュはゴブレ（株作り）と呼ばれる仕立て法が用いられます。この方法は大変特殊で、ヨーロッパ以外（ヨーロッパでも稀有ですが）では、あまり見られません。ブドウの植え替えは苗木を変えればできますが、仕立て法を変えるとなれば、そんなにたやすいことではありません。またゴブレ法は、手作業が一気に増えるうえに、収穫も機械ではできません。広いブドウ畑を持つニューワールドで手作業が必須となれば、大変なことです。

ところがグルナッシュは、広く普及する垣根仕立てでは収量が増えすぎて、アルコール度数が高いだけの風味の乏しいワインとなってしまいます。グルナッシュは歴史においても、量においても、生み出すワインの品質においても、グローバルでありながら、地中海ワインのイメージドライバーという、ローカルにとどまっているのです。

凝縮感と柔らかさ――グルナッシュのフレーヴァー

凝縮感。グルナッシュを一言で表すとすれば、この言葉がもっともふさわしいでしょう。ブラックベリーやブラックチェリーのリキュール、ジャムのような香りが個性としてはっきりと感じられます。とりわけ凝縮感の強いものは、香りの段階ではポートワインかと思ってしまうほどです。産地が違っても、この個性はある程度どこでも共通しているのが、シラーとは大きく違うところです。

グルナッシュは南仏ではシラー、スペインでは土着品種のテンプラニーリョとブレンドされることが多いのですが、そういった意味では、ワインのフレーヴァーを安定させる役割を担っているともいえます。

果実香に加えて、甘草、しょうが、りんどうの根といった漢方系の香りを想わせるスパイシーさもアクセントとなります。このスパイスの香りは、収量の過剰なグルナッシュからはあまり感じられませんので、品質のサインにもなります。

前述の通り、若いうちはある程度一定の個性を安定的に持っている、このグルナッシュですが、熟成による変化・発展は、二方向に分かれていきます。

まずポートワインを想起させる凝縮度、力強さを保ちつつ発展するタイプ。ジャムの香りを主体にスパイシーさをはっきりと残していきます。もう一方は、ふくよかに、ふんわりと浮かび上がるような味わいへと発展するタイプです。凝縮感というより、柔らかさですね。ブルゴーニュ系の個性といってよいと思います。

Sommelier's Note 10

渋み

Astringency

ポリフェノールが健康によいかどうかを問題にしなくとも、渋みは赤ワインにおいて、とても大切な味わいの要素です。しかし渋みは味覚要素ではなく、触感要素です。したがってテイスティングではその触感をどう表現するかにより、その特徴を掴んでいきます。

❶「収斂《しゅうれん》性の強い」

触感としてもっとも強く感じられる状態です。口中が収縮する感覚です。

❷「ザラザラとした」

タンニンの量が多く、粗々しい状態。歯茎のあたりにいつまでも渋みが残ります。

❸「なめらかな」

ボディの強さとのバランスがよく、渋みははっきりと感じるが心地よい状態です。

❹「ヴィロードのような」

ワインとしてポテンシャルが高く、味わいが緻密で、そこに成熟したタンニン分が溶け込んだ状態。文字通り、ヴィロード生地に触れているような感覚です。

❺「シルクのような」

❹のワインが熟成した時に感じられます。刺激はまったく感じられず、舌や歯茎にスッと吸いつくような感覚です。渋みにおける最上の表現となります。

渋みのこれらの違いには、3つの要素が影響します。ブドウ品種の特性、ブドウ（フェノール）の成熟度、ワインの熟成です。

ブドウ品種の特性としては、小粒であるか、果皮が厚いか、果肉にもタンニン分が含まれているか、といったことが挙げられます。みなタンニンの量に関係します。

ブドウの成熟度は主に糖分の上昇によって測られますが、それではフェノール類が成熟したかどうかは測れません。日照が豊富で、早いスピードで一気に糖分が上がった（熟した）ブドウと、十分な日照に恵まれながらもより時間をかけて成熟したブドウとでは、同じ品種でもタンニンの質が違います。前者は荒々しく、後者は緻密な印象となります。

ワインの熟成は、つまり酸素との接触に関係します。酸化が起こることによりタンニンは重合し、結晶化、もしくは液体（ワイン）に溶け込みます。結晶化による沈澱で、タンニンの量は減り、ワインに溶け込むことにより、タンニンの質はより緻密に感じられるようになります。

このように、タンニンは量においても質においても、赤ワインのタイプと品質に大きく関連するのです。

世界のグルナッシュ

前述の通り、グルナッシュは地中海沿岸エリアで集中的に栽培されています。単独でワインとなることはほとんどなく、たいていはシラーとブレンドされます。

フランスでは、アヴィニョンを中心としたエリア、南部コート・デュ・ローヌ地方が、グルナッシュ主体の赤ワインを生産しています。プロヴァンス、ラングドックでも栽培されていますが、補助的な品種としてブレンドされています。スペイン・カタルーニャ地方、イタリア・サルデーニャ島でも、香り豊かなワインが生まれています。

ニューワールドでは、南オーストラリア州の、シラー・グルナッシュ（シラーとのブレンド）が良質です。カリフォルニアでも、「ローヌレンジャー」といって、南部カリフォルニアを中心に、ローヌ品種、つまりグルナッシュをフィーチャーしたワイナリーが一時期注目されました。

グルナッシュがわかる10本

- シャトース・デュ・パプ――クロ・ドゥ・ロラトワール
- シャトーヌフ・デュ・パプ――シャトー・ラヤス

●ジゴンダス――シャトー・ドゥ・サンコム
●ジゴンダス――グベール
●ヴァントゥー――ペスキエ
●バニュルス――マス・ブラン
●モーリー――マス・アミエル
●プリオラート・レルミータ（スペイン）――アルバロ・パラシオラス
●カンノナウ・ディ・サルデーニャ（イタリア）――アルジオラス
●マクラーレン・ヴェール（オーストラリア）――ヤンガラ

グルナッシュのサービス――アルコール感はどうコントロールするのか

すべてというわけではありませんが、グルナッシュは渋みのなめらかなワインです。タンニンの量は豊富なのですが、その豊満なボディに溶け込んでいますから、ザラつきや、引っかかるような感覚はありません。

グラスは、そのボディを引き立たせるためにバルーン型がよいです。グルナッシュをサービスする際に気をつけたいのは、アルコール感をどうコントロールするかです。グルナッシュはアルコール感がとても強いので、表面積の大きなグラスだと、アルコールの印象ばかり強く感じさせてしまいます。なので、グラスに注いでからすこし（3分前後）時間をおいてからお出しするか、デカンタージュをします。この場合のデカンタージュの目的は最初にツーンと感じさせてしまうアルコール感を和らげることです。

個人的には前者のようなサービスはあまり好みではないので、必要に応じてデカンタージュをしています。

料理はやはり肉料理がいいですね。ロティサリーやグリルがピッタリです。しっかりと焼き色、焦げめがついているような、豚、羊、牛、仔牛、鶏、ソーセージなど。つまりBBQです。そう考えると、我々日本人の食事には活躍の機会がもっとあってよいのかなと思います。

ソムリエはワインを愛してはならない？

「好きなワインはなんですか？」とよく聞かれます。とっさに「シャンパーニュ」と答えます。でも次の瞬間、「あ、ブルゴーニュだな」と思います。そして、言い直そうとすると、「でも感動したのはボルドーだよな」「待てよ、イタリアだろ。バルベーラも、サンジョヴェーゼもいいし、ソアヴェも好きなんだよな」「カリフォルニアには何度も行ってるから、」……。要は、なんでも好きなんです。主体性がないというのでしょうか。私は職場やその条件によってワインと付き合っています。

初めてワインリスト（といっても10アイテムほどのミニリストですが）を作ったホテルのメインダイニング時代は、イタリア、スペイン、カリフォルニアが好きでした。いや、好きというより、ささやかな知識があったぐらい、という方が正しいでしょうか。

トゥールダルジャンでは、ボルドーが中心で、鴨に合うのでもよく勧めていました。ベージュ東京では、デュカスグループ統括のシェフソムリエの出身地ということもあり、ブルゴーニュが多かったです。同時にデュカスさんは南仏にルーツがあるシェフですから、やはり南部ローヌは多かったですね。

そして今は勤めているレストラン・アイを手がける松嶋啓介《まつしまけいすけ》シェフの拠点ニースにちなんでプロヴァンス。すっかりボルドー、ブルゴーニュとは疎遠になってしまいました。

こう振り返ってみると、グルナッシュとの付き合いが一番深くて、長いのかもしれません。料理との汎用性が高いということもいえます。

私がソムリエを志すきっかけになったのは、ホテルニューオータニの新入社員のころの、先輩ソムリエとの出会いでした。職場をともにしたレストランは、毎月のように世界各国のフェアを開催しており、さまざまな国のワインを取り扱っていたのですが、その先輩はいつも嬉しそうに、楽しそうに、それぞれのワインを説明してくれました。

そして、田崎真也さんとの出会い。最初はフランスワインのイベントでした。その後、田崎さんが講師を務めるセミナーには可能な限り参加しました。フランスワインが多かったとは思いますが、やはり世界各国のワインに通じているんだなあと感心したのをよく覚えています。

私は、「ワインが好き！」でソムリエを志したのではなく、「この先輩みたいになりたい！」が最初であり、それがすべてのようなところがあります。またその先輩方が世界各国のワインに精通していたので、自分もそうありたいという気持ちから、たとえば「フランスだけは誰にも負けない」は私にとってそれほど価値ではありませんでした。

そんな経緯もあってのことなのですが、ソムリエはワイン好きになってはいけないと思っています。なぜなら、ソムリエの使命はワインの管理と販売、サービス。ワインは商品であり、嗜好品だからです。この嗜好品であるところが落とし穴だと思うのです。

たとえばブルゴーニュに深い思い入れがあるとします。ワインをおすすめする時に、どうしてもブルゴーニュに肩入れをしてしまいます。そのお客様はブルゴーニュが必ずしも好きとは限りません。また、ブルゴーニュ愛好家垂涎のワインの在庫がわずか3本だけあるという場合に、「一人娘」のような気持ちになり、売り惜しみをすることもあります。料理とのハーモニーを考える時でも、「ブルゴーニュはどんな料理でも大丈夫」という認識に陥りがちです。またワインが苦手な方もいらっしゃいます。ビールを飲みたいと思われるお客様もいらっしゃいます。

さまざまな価値観と嗜好を持ったお客様をお迎えするわけですから、客観性を持って接客にあたる必要があるのです。「仕事は仕事。そのへんはちゃんと区別している」というソムリエもいると思いますが、「恋は盲目」というように、それは自分では気づきにくいことでもあります。

ソムリエはワインよりも、ソムリエという職業を好きになるべきだと考えています。

ソムリエのあるべき姿

ソムリエはこれからどうあるべきか。人からもよく聞かれますし、自問自答をしています。フレンチレストランの経営はとても困難です。著名なレストラングループのカリスマ社長と呼ばれる経営者も、フレンチレストランにはなかなか手を出さないことがそれを証明しています。

私は、「ワインだけを見つめていてはいけない。レストランに、組織に貢献しないとソムリエは生き残れない」と、マネジメントを学び、修得するために、レストランマネージャーの道を選びました。世界的なスターシェフ、アラン・デュカスとシャネルのコラボレーションによるレストラン、ベージュ アラン・デュカス東京での経験は大変有意義なものでした。レストランの経営、運営を実践し、あらゆることを経験しました。一歩離れたところで、ソムリエという職業をみつめて、ソムリエがどうあるべきか明確になってきました。

それは、ソムリエ・マネジメントという考え方です。簡単にいえば、ソムリエの知識、スキル、センスを最大限に活かして、ソムリエのアングルからレストラン・マネジメントに携わり、貢献するというものです。

ソムリエというと、ある分野に特化したスペシャリストという認識がすっかり世間に広まりました。野菜ソムリエ、漫画ソムリエなど、○△ソムリエがあちこちで誕生していることがそれを表しています。余談ですが、先日「石田さんはワインのソムリエで……」と紹介されました。また友人は人から職業を聞かれて、ソムリエと答えると「なんのソムリエ？」と聞かれたそうです。○△ソムリエさんたちを責められませんが、残念な気持ちです。

スペシャリストのままではいけないと思い、マネジメントの職についてみると、予想もしなかったことに気づきました。ソムリエのスキルや知識が、そのままマネジメントに活かせるということです。

たとえばテイスティング。テイスティングにより、そのワインがいつ、どこで、どんな方に、どのくらいお勧めできるかなどを考えていくのですが、これはマーケティングにあてはめることができます。

ワインリストは、価格帯、料理、サービス、客層、立地などを考慮して作ります。これは店舗コンセプトそのものに通じます。またワインの在庫、原価、納入、支払は管理部門に直結します。ワインとそのサービスには教育が不可欠です。

このようにソムリエの担う職責は、マネジメントそのものという見方ができるのです。

結局、ベージュでの6年間、レストランマネージャー（運営）、総支配人（経営）を務めましたが、そこで得た結論は、「ソムリエはマネージャーになれる」ではなく、「ソムリエはソムリエに集中すべき」ということでした。それがすなわち、マネジメントに直結するからです。

ここで私が影響を受けた2人のフランス人ソムリエについてお話ししたいと思います。

◎ジャン・クロード・ジャンボン

ジャンボンさんは、1986年世界最優秀ソムリエです。日本国内のコンクールの審査員として来日されたのをきっかけに知り合いました。98年、世界コンクール準備のためにフランスで研修をしたいと相談したら、即答で受け入れてくれました。

とても勤勉で、自宅の部屋には自身のコンクールから15年も経っているというのに、膨大な資料がきちんと整理されていました。こんなことを勉強した、サービスの審査ではこんな設定の課題があった、こは、と話は尽きません。

食事中も同様です。一心にノートをとる私を見て、奥さんが「ジャン・クロード！ あなたがずっと話しているから、彼が食べられないじゃない！」と見かねて声をかけました。「そうだ。食べながら聞けばいいからな」とジャンボンさん。「メモとるんだから、食べられないでしょ！」と奥様。「じゃあこの話だけ。あとは食べ終わってからにしよう」と、なぜここまでしてくれるのか不思議にすら思っていました。

ある時、息抜きにと親戚が集うBBQに連れていってくれました。火をくべたり、肉を焼いたりするのは男性の仕事。ジャンボンさんも動き回ります。そして腰のベルトには革製ホルダーに入った田崎真也モデルのソムリエナイフ。「タサキにもらったんだ」とうれしそうでした。

用意されたワインを手にするとさらにギアが上がります。「このワインはボージョレ地方の……」、ワインを学ぶつもりもない親戚一同は、この講釈を聞かないとワインが飲めないことを知っています。ポカンとしながらも耳を傾けるのです。ひとしきり、飲み食べをしたところで、「散歩に行こう」と誘われ、木漏れ日がさす森の小道を二人で散歩しました。するとポケットからミニワインブックを取り出し、「じゃあ始めよう」。

最後にもっとも心に残るエピソードを。世界コンクールを終え、パリに行くことになり、もちろんジャンボンさんに連絡を入れました。「OK、明後日の17時だな。レストランで待ってるよ。いや、やっぱり18時にしてくれ、グラスをテーブルにセットしなければいけないから」

世界最優秀ソムリエです。

20年以上も務めているレストランで、グラスのセッティングを気にかけているのです。この謙虚さと真面目さ、職業意識には頭が下がります。思い出すたびに目頭が熱くなるエピソードです。

◎ジェラール・マルジョン

アラン・デュカスが手がける、世界30にもおよぶ店舗で、ワインの選択とソムリエチームの統括をしています。

彼との出会いは、2004年10月、ベージュ開業を控え、パリに視察を目的に出張した時でした。180センチを超える長身で、俳優のようにハンサムです。アラン・デュカスの日本再進出となる大事なプロジェクトのキーパーソンのパリ視察ですから、皆から感情的ともとれる厳しい目を向けられましたが、マルジョンさんは感情をぶつけることなく、「よし、テイスティングしよう」とフレンドリーでした。いえ、テイスティングは彼にとって私を見抜くテストだったかもしれません。

いずれにせよ、終始彼はロジカルで、自分がどんな役割を持ち、どのように考え、どんなことに取り組んでいるかを熱く語るだけです。

あるビストロのセラーでテイスティングをした後、「これから、ここでディナーだね。じゃあ一緒にアペリティフをとろう。僕は仕事があるから、ディナーは同席できないけど」、そして「Ishida san, KANPAI!」と。もてなす気持ち、楽しむ気持ちを常に持っている人なのです。

マルジョンさんはいつも時間と自らのエネルギーを大切にしています。自分のかけがえのないものを自分の使命に注ぎ込むことに集中しています。

いつも案件ごとにひとつクリアファイルをどっさり抱えています。しかし、忙しない様子は一切ありません。満席でも優雅に振る舞うサービスマンそのものです。一つひとつ、着実に潰していきます。

「じゃあこの件だ。どうする？　やるか？」「やめとく？　ＯＫ。じゃあ次いこう」と、クリアファイルのメモやプリントを破り捨てます。次のアクションを要する案件には、メモにやるべきことを書いて、ファイルに放り込んで、「次いこう」。

彼は朝のミーティングを好みます。そして1時間以上かけることはありません。終わると、「じゃあホテルの部屋でＰＣワークをしてくる。15時に戻ってくるから、今晩のイベントの準備だ」。

彼の仕事はとにかくキレイです。切り取ったキャップシールをその辺に投げておくことはありません。そしてこぼれた水滴がすこしでも、作業台をキレイに拭き取ります。彼が作業をした後は、作業前よりキレイになっているくらいです。後片付けがいらない仕事なのです。「汚さなければ掃除しなくていい。散らかさなければ、片付けなくていい」。やり残しを作るから時間をロスする、ということを彼から学びました。

マルジョンさんはとにかくテイスティングを大切にします。顔を合わせると、言うことは決まって「テイスティングしよう」です。

ベージュを辞めてからも付き合いが続いています。パリに行って顔を出すと、プラザアテネの地下セラーのテーブルにワインがズラリ。もちろんテイスティングのためです。

あるイベントのレセプションのため、主催側としてご一緒した時も、テーマであるシャブリが12種類あったのですが、「あと20分あるね。じゃあ全部テイスティングしよう」と言いました。

そして、レセプション冒頭のセレモニーを終えると、「じゃあ失礼するよ。これからパリと電話会議なんだ」。この人には息抜きが必要ないようにすら思います。

ところが、「一杯いこう」とも誘ってくれるのです。仕事の後、近くの立ち飲みワインバーによると、軽装に着替えたマルジョンさんはリラックスして、とてもうれしそうです。「ここは僕が払うよ」とワインリストを手にとると、スイッチが入ります。真剣な表情で熟考のうえ、選ぶのです。

彼はさまざまな企画やイベントをグループレストランで展開しています。そして交渉によりあり得ないような価格での納品を可能にし、機会を見つけてはスタッフを集めて勉強会を開きます。取材などにも積極的です。その存在感は、シェフにも、メートルドテルにも影響を与えています。

アラン・デュカスも全幅の信頼をおいてい

るのがよくわかります。彼を見つけると、いつも話しかけ、耳もとで何やらささやいているのですから。

ソムリエの職責についても、業界についても、右も左も分からない26歳で、世界コンクールの日本代表になり、「自分はどうあるべきか」など考える猶予もなく、コンクールに打ち込み、その6年後マネージャーへの道を選びました。こうして振り返ってみて、ジャンボン氏やマルジョン氏が全うしている職業と、その意義がよく理解できました。

彼らは「ソムリエであること」にこだわっています。そしてソムリエとしてあるべき姿を問い続けつつ、レストランに貢献するのです。売上、原価、資産、企画・イベント、教育、イメージ、広報などすべての面で。

オプションの存在ではなく、オーナー（会社トップ）にもっとも信頼される中心的存在であることが、日本においても、ソムリエのこれからの姿になると確信しています。

ワインは人と人とを繋いでくれます。
2013年世界最優秀ソムリエ、パオロ・バッソ氏（スイス）と。
（2000年カナダ大会にて）

1 **ポートワイン**…ポルトガル北部で産出される酒精強化ワイン。ワインの発酵途中にブランデーを加えることにより、発酵を止めて造る（発酵はアルコール度数が高いと止まってしまう）。高いアルコール度数を持つと同時に、甘みを残したワインとなる。古くよりイギリスをはじめ、世界中に輸出され、名声を得る。大航海時代の賜物ともいえる。

2 **ニューワールド**…オーストラリア、チリなど、ヨーロッパ諸国に比べ、比較的新しくワインが造られるようになった国々。

3 **仕立て方**…ブドウはつる植物であるため、そばに垣根を作ってそこに実らせたり、棚を作って上から実らせたりと、仕立て方を自在に変えることができる。気象条件、地勢、求めるブドウの収量、品質により仕立て方は異なる。品質において優れているのが垣根仕立て。株仕立ては気温の高いエリアに向く。日本では伝統的に棚仕立てが採用されている。

World
カナダ
アメリカ合衆国
ワシントン
オレゴン
カリフォルニア
ナパ・ヴァレー
オンタリオ
山梨
長野
マルティンボロー
マルボロ
ニュージーランド
セントラル・オタゴ
アコンカグア
チリ
カサブランカ・ヴァレー
アルゼンチン

本書に登場する主なワイン産地

France

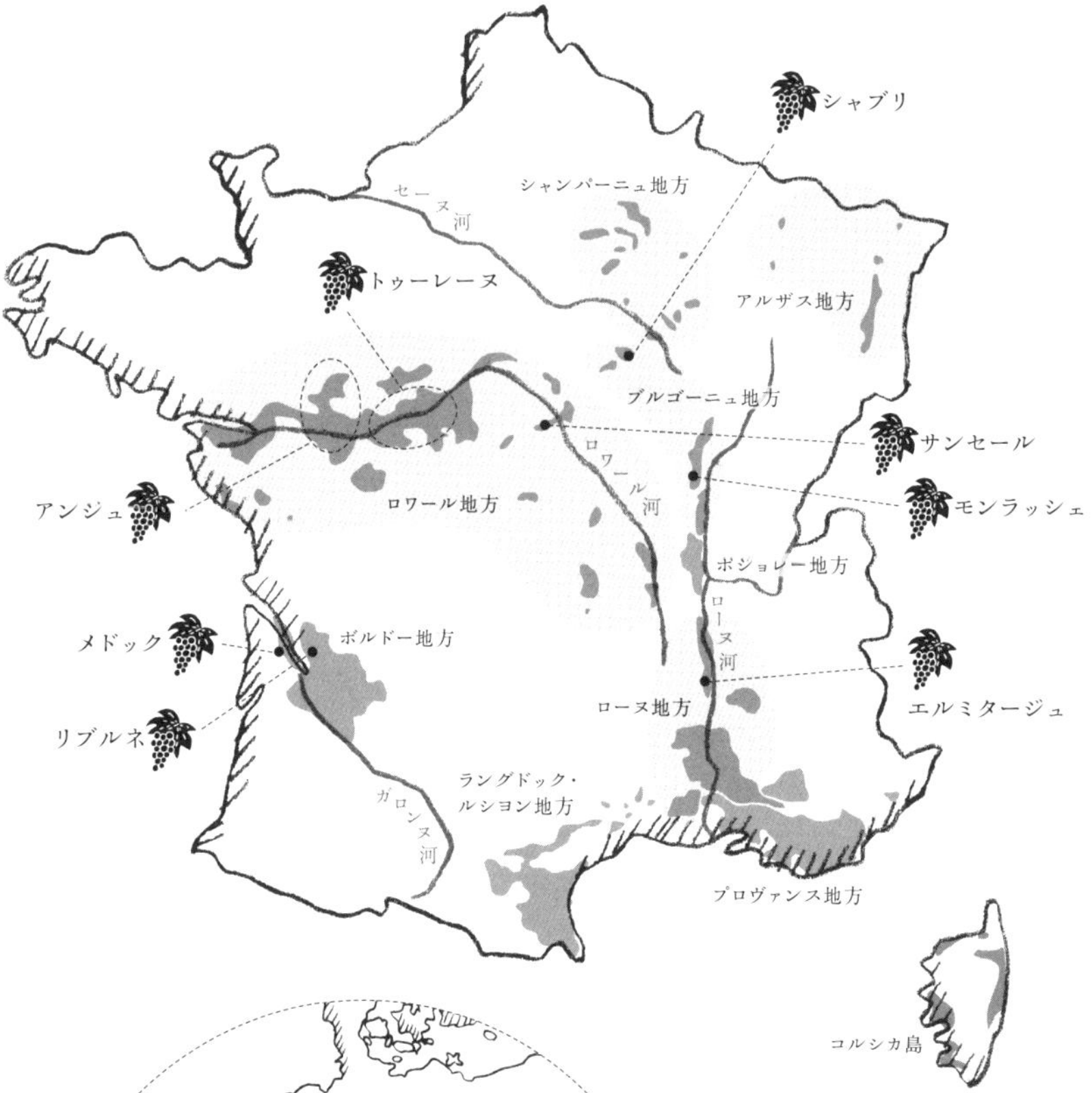

シャブリ
セーヌ河
シャンパーニュ地方
トゥーレーヌ
アルザス地方
ブルゴーニュ地方
サンセール
ロワール河
モンラッシェ
アンジュ
ロワール地方
ボジョレー地方
メドック
ボルドー地方
ローヌ河
エルミタージュ
ローヌ地方
リブルネ
ラングドック・
ルシヨン地方
ガロンヌ河
プロヴァンス地方
コルシカ島

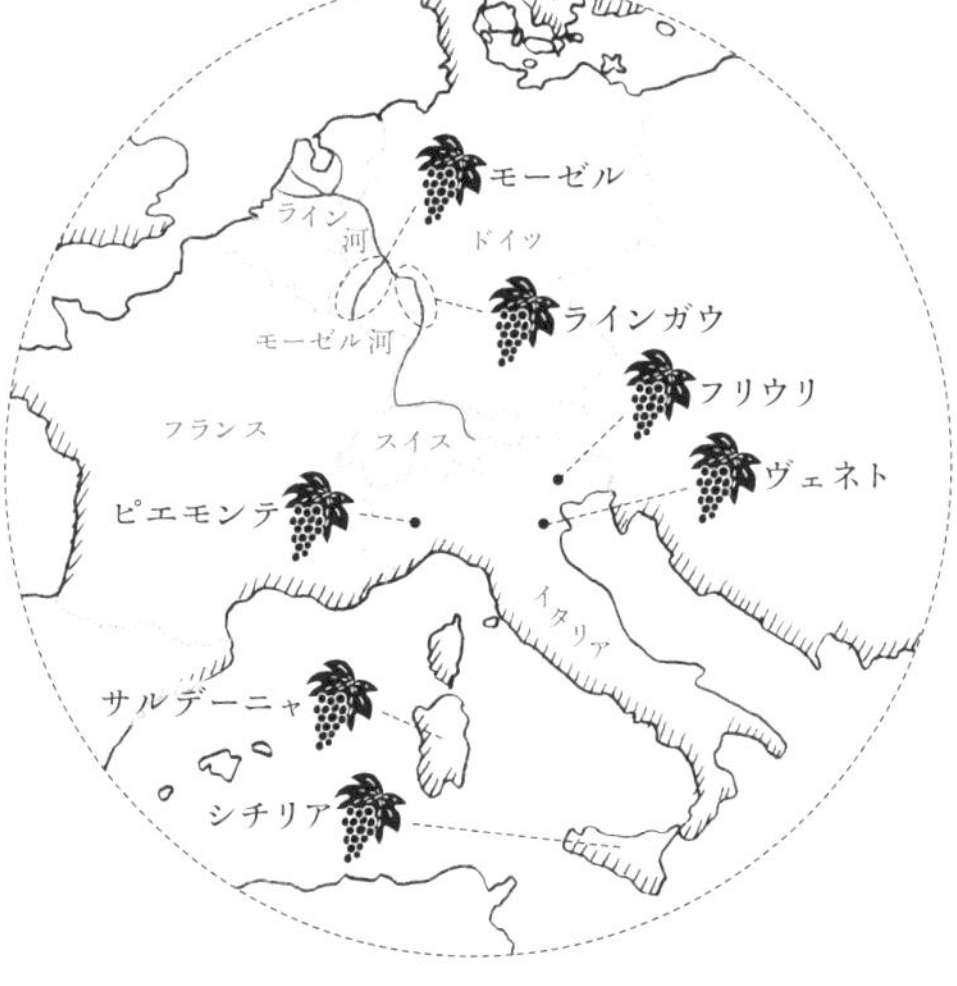

モーゼル
ライン河
ドイツ
ラインガウ
モーゼル河
フリウリ
フランス
スイス
ヴェネト
ピエモンテ
イタリア
サルデーニャ
シチリア

Germany & Italy

あとがき

「さて、（まえがきで触れた）よいワインを造る4つの要素で、もっとも大切なのは何でしょうか？」

セミナーなどでよく受講者に尋ねます。皆さん三者三様、これほどまで答えが分かれる質問はないと思っています。

「一番大切なのはブドウ品種です」、と本書のタイトル的に言いたいところですが、そうではありません。すべて大切なのです。

これら4つの要素により、ワインの個性ができ上がります。気温の高いところ、低いところ、平地または斜面、暑かった年、干ばつの年、伝統を重んじる造り手、現代的な造り手、ワインの個性はこれらの違いによって生まれてくるものであり、それを味わうことにより、想像してみること、読み取ることがワインを知るということなのです。

そしてブドウは、これらの要素が形となったものであり、その吸収したものがそのままワインへ映し出されるのです。

私は幸運なことに若いうちにコンクールという場で結果を出すことができました。雑誌にも早々に取りあげていただき、浮かれていました。初めての取材を受けて間もないころ、ワインバーで偶然、その取材をしていただいた編集の方と同席しました。

そして、「あのインタビューで言っていたことは全部田崎さんが言っていることじゃないの。そんなの全然ダメ。自分の言葉で語らないとただのコピーでしょ！」と、バッサリやられました。

悔しかったのですが、その編集の方の言っていることは的を射ていました。当時の私は田崎真也さんをまさに模倣していました。でもよい見本をそのまま吸収するのが成長の一番の近道だと考えていたのです。

それからソムリエ、シェフ、経営者、お客様、造り手、ワインがつないでくれた仕事、さまざまな出会いとそこから受けた影響や学習により、言葉が豊富になっていきました。つまり、「自分の言葉」といえるものが身についたのです。それは自分がゼロから生み出したものではありません。自分をとりまくさまざまな要素が言葉という形になったものなのです。

「石田さんの言葉を前面に出した本にしたい」と言ってくださったのは、「自分の言葉はないの？」と17年前、私に問いただした編集者の佐藤由起さんです。こんなことを書くと、「そろそろ忘れてくれませんか」と佐藤さんは言うことでしょう。でも、あの言葉は17年越しの本の企画提案だったのかもしれないと、今は思っています。

最後にこの場を借りて、本書出版のためにご尽力いただいた日本経済新聞出版社の堀川みどりさんに、そして私に自分の言葉を与えてくださった、これまでに出会ったすべての方々に、感謝したいと思います。そして、最後までこの本を読んでくださり、ありがとうございました。

2013年7月　石田　博

2000年世界最優秀ソムリエコンクールカナダ大会、ファイナルのステージにて

Credit

p.10 ブルゴーニュのブドウ畑
©BIVB/GAUDILLERE TH.

p.46 ボルドーのブドウ畑とシャトー
©2004 John Anthony Rizzo/UpperCut RF/amanaimages

p.64 ロワール河畔と聖ニコラス教会
©John Harper

p.80 甲州ブドウ
©中央葡萄酒(株)

p.134 ブルゴーニュのブドウ畑「コート・ドール」
©BIVB/ARMELLEPHOTOGRAPHE. COM

p.168 グルナッシュ
©Inter-Rhône

他の写真は著者私物

10種《しゅ》のぶどうで
わかるワイン

2013年8月23日　1刷
2018年5月9日　7刷

著者
石田 博

発行者
金子 豊

発行所
日本経済新聞出版社
〒100-8066
東京都千代田区大手町1-3-7
03-3270-0251（代）
https://www.nikkeibook.com/

印刷・製本
萩原印刷株式会社

アートディレクション
三木俊一

デザイン・イラスト
芝 晶子（文京図案室）

編集協力
佐藤由起

ISBN 978-4-532-16887-2
Printed in Japan

石田 博　いしだ・ひろし

1969年東京都生まれ。90年ホテルニューオータニ入社。尊敬する先輩に憧れ、ソムリエを志す。94年よりレストラン トゥール・ダルジャン配属、フランス伝統の料理とサービスを学び、ソムリエとしてのキャリアをスタート。96年・98年の全日本最優秀ソムリエコンクールで優勝し、98年世界最優秀ソムリエコンクール日本代表となる。2000年、同コンクール第3位入賞（日本人での入賞は2名のみ）。04年ベージュ アラン・デュカス 東京へ移り、08年より同社総支配人に就任する。11年2月よりレストラン アイ（神宮前）のシェフソムリエとして勤めるかたわら、ホテル日航東京（台場）の顧問、一般社団法人日本ソムリエ協会常任理事および技術研究部部長を務める。講演、執筆、コンサルティング、教育活動など幅広く活動。著書に『お値打ちワイン 厳選301本』（講談社）がある。2010年、東京都優秀技術者（東京マイスター）知事賞表彰。2011年、厚生労働省現代の名工表彰。